「お気に入り」に出会うために
この7種類を覚えよう

ハード

硬質のものが一般的。「チーズの王様」とも呼ばれるパルミジャーノ・レッジャーノは重さ40kgにもなる

（写真提供／チェスコ）

フレッシュ

7種の中では唯一、熟成させないタイプ。新鮮な乳の風味が楽しめる。ピザの上で溶けるモッツァレラが代表的

セミハード

最も種類が多いタイプ。ハードとの区別の基準は、じつは「硬さ」ではない！くわしくは本文をご覧ください

白カビ

偶然に生えたカビに人間は魅せられた。ウィーン会議の品評会で最高得票を得たブリー・ド・モーもこのタイプ

青カビ

白カビより味と香りは濃厚。「世界３大ブルーチーズ」の一産地ロックフォールでは、いまも洞窟の中で製造している

シェーブル

牛乳以外を原料とするチーズでは、ヤギ乳を使うこのタイプだけが独立に分類されている。強い香りが特徴

ウォッシュ

表面に納豆菌に似た菌を増殖させ、塩水や地酒などで洗いながらつくる。いずれも香りはかなり強い

チーズの科学

ミルクの力、発酵・熟成の神秘

齋藤忠夫　著

ブルーバックス

カバー装幀　芦澤泰偉・児崎雅淑
カバー写真　© Dorling Kindersley / Dorling Kindersley / gettyimages
本文デザイン　齋藤ひさの（STUDIO　BEAT）
本文図版　さくら工芸社
本文イラスト　玉城雪子

はじめに

「チーズ」という言葉を聞いて、みなさんは何を思い浮かべますか？

学校の給食でもよく出てきた、三角形のプロセスチーズでしょうか。デパートの地下の食品売り場で見かける硬くて丸いチーズでしょうか。スパゲッティにふりかける粉のチーズや、ピザの上で溶けて糸を引いているチーズ、トーストにのせるスライスチーズという方もいらっしゃるかもしれません。もちろん、チーズといえばコース料理の最後に食後酒といただくブルーチーズやカマンベールチーズだという本格派の方もいれば、クリームチーズや手で裂いて食べるストリングチーズを思い浮かべる方だって（少数派にせよ）皆無ではないかもしれません。

こうして考えてみると、チーズのイメージは人によって、かなりのばらつきがありそうなことに気づきます。チーズにはそれほど多種多様な形態があるということです。じつは、このように変幻自在に姿を変えられる「能力」は、数ある食品のなかでもチーズならではのものなのです。

加熱してトローリと溶けたときの、あの独特の食感はチーズの魅力のひとつですが、加熱して溶けるタンパク質性の食品は、地球上にはチーズ以外には存在しません。手で簡単に裂くことができるのも、チーズ独特のタンパク質の構造に由来しているのです。

一方で、チーズは健康によいともよくいわれます。ご存じのようにチーズは発酵食品であり、発酵食品はおいしくて体にもよいとされていますが、なかでもチーズの有用性はきわめて高いといえます。それは、原料である乳（ミルク）の成り立ちや成分の特徴に理由があります。私はよく、乳について、

「生まれてきた子どものために、食品として生合成された唯一の天然物」

と表現しています。私たちがふだん食卓で食べている肉や卵も立派な高タンパク食品ではありますが、もともと食品としてつくられたわけではありません。それと比べて乳は、哺乳動物の母親が生まれてくる子どものために乳腺細胞で合成したものです。これを原料とするチーズは、哺乳動物の知恵がたくさんつまった食品といえるでしょう。とくに私は、世界でもトップを走る超高齢化社会を生きる私たち日本人にこそ、チーズを日頃から食べてほしいと願っています。日本人が直面している大きな2つの問題、「骨粗鬆症《こつそしょうしょう》」と「筋肉減少症（サルコペニア）」を解決しうる、大きな潜在能力をチーズはもっているからです。実際、チーズの機能性は相当なもので、ごく一例をあげれば最近では、虫歯によって脱灰した（穴のあいた）部位の修復にも、チーズのカルシウムが有効であることがわかってきました。

この本は、このようにほかの食品にはない特性をもつチーズを、「科学のナイフ」で切ってみせることをめざして書いてみました。チーズを使った世界の料理を紹介するグルメの方々向けの書籍や、チーズとワインの絶妙な組み合わせ方を紹介するハウツーものの書籍はたくさんありま

すが、科学的な視点からチーズの特徴と魅力をわかりやすく説明したものは日本にはないことに気がついたからです。多くの人にまず、チーズという食べものの「原理」や「しくみ」をよく知っていただきたい、そしてその面白さをスパイスにして、さらにチーズをおいしく食べることで、健康になっていただきたいと願っています。そのために本書では、チーズの種類、製造方法から、栄養学的な特徴や機能性、そして最先端の研究動向などについてまで、わかりやすく、かつしっかりと解説したつもりです。

一方で、チーズは文化や歴史ともきわめてかかわりが深い食品です。日本で本格的に食べられるようになってからはまだ100年程度ですが、チーズの発祥は西アジアの乳文明にさかのぼります。そこから世界の国々へ広く伝播していく過程には、民族の誇りと食文化の歴史が濃厚に刻み込まれています。そこで本書では、チーズのそうした側面を伝えるエピソードや逸話も、随所で紹介しています。

堅苦しい話にはならないように、極力心がけました。私は大学で「ミルク科学」という講義を担当しています。1年間の授業の最後には、必ず世界のチーズを学生に食べてもらっているのですが、これが大好評で、やはり「食の原点」は理屈よりもまず「食べてみること」なのだと実感しています。チーズの好みは人によってさまざまで、ブルーチーズを食べて「こんなにおいしいものは生まれて初めて食べた！」と目を輝かせる学生も、毎年必ずいます。将来、彼らが自分にいちばん合うお気に入りのチーズになるべく早く出会ってほしいという願いから、毎年続けている企画です。

ですから私はみなさんにも、ぜひチーズをもっと食べていただきたいのです。残念ながら日本人は1年間に約2・2kgしかチーズを食べていません（国際酪農連盟の2014年データ）。1日に換算するとたった6gほどにすぎません。しかも、その85％は「テーブルチーズ（おつまみ）」として食べられるだけで、家庭料理にはほとんど使われていません。日本人は海外の食文化を吸収し、自分たちに合うように発展させる能力が格段に高いといわれていますが、チーズについては、カスタマイズはまだまだ始まったばかりといえるでしょう。

世界にはじつに1000種類以上のチーズが存在するといわれています。毎日違った種類のチーズを食べても約3年はかかる計算です。私自身はぜひ、「チーズ三昧」の3年間を送ってみたいと思いますが、ぜひみなさんにも、まずは世界に多種多様なチーズがあることを知っていただき、人生をより豊かにするためにも、たくさんのチーズを日常的に召し上がっていただきたいと思います。

本書を手にとってくださったみなさんに、科学の視点からチーズの魅力に迫る旅をご一緒いただき、生涯の伴侶となるすばらしいチーズと一日も早く出会っていただきたい。それが、著者としての何よりの願いです。

『チーズの科学』もくじ

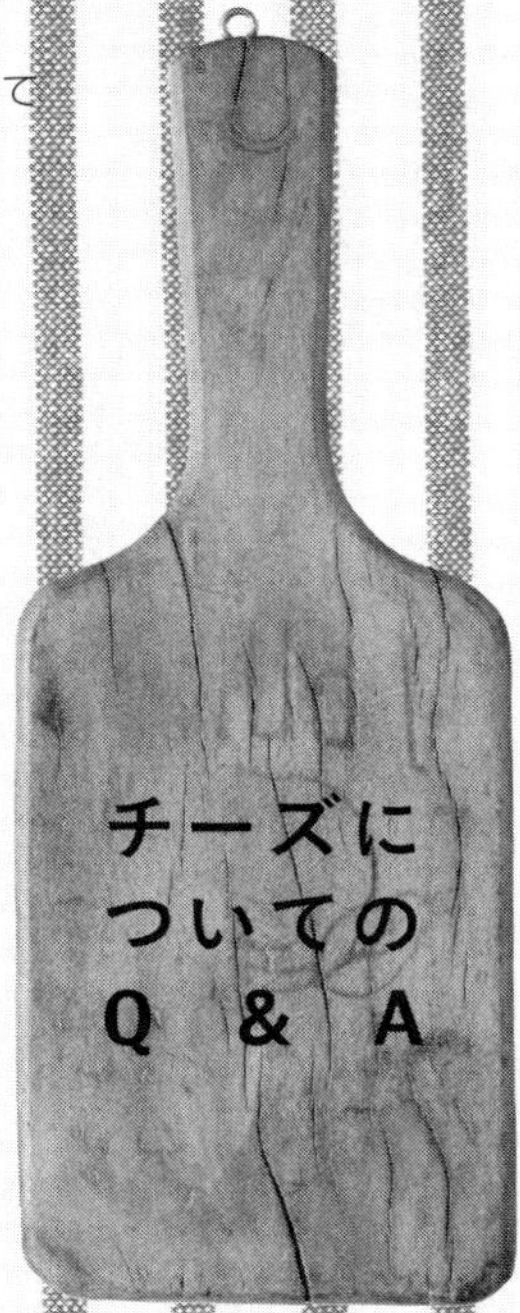

チーズについてのＱ＆Ａ

——プロローグにかえて

いまはデパートやスーパーの食品売り場でさまざまな種類のチーズが扱われるようになりました。チーズ専門にインターネットで販売する会社まで出現し、自宅で手軽に世界の有名会社の旬のチーズを購入して味わうことも可能な時代となりました。しかし、ピザやチーズバーガーを好んで食べるようになった日本人にも、チーズの個別の特徴や風味についてまで知っている人はまだそれほど多くはないのではないでしょうか。

それだけにいま、チーズについて多くの疑問があると思います。そこで、本書ではまずチーズにまつわる代表的な質問にいくつかお答えすることにしました。

さらにくわしく知りたい方は、該当する章に飛べるようにしました。興味が湧いたところからランダムに本書をお読みいただいても、差し支えありません。

Q1 世界で最もつくられているチーズは？

世界で最も生産量が多いチーズ、それは「チェダーチーズ」です。なぜなのかは、イギリスという国のかつての「国力」と深く関係しています。かつてイギリスは、「七つの海を支配する」ともいわれた大国でした。そしてチェダーチーズはイギリスを代表するチーズです。イギリスが支配する国々ではチェダーチーズがつくられ（つくらされ？）、その結果、世界のあちこちに広がり現在に至っているわけです。

世界中でつくられたチェダーチーズは、いろいろなタイプに分かれました。レッドチェダーと呼ばれる、色鮮やかなオレンジ色のチーズをご覧になったことがあるかもしれません。あれは少量のアナトー色素（ベニノキの種子の外皮から抽出される色素）で着色したものです。熟成が進むとチーズはだんだん黄色の色調が強くなるのですが、オレンジ色のほうがおいしそうに見えると考えられたのでしょう。ただしチーズが着色されることはあまり多くはありません。

オランダもかつては海運強国でした。江戸時代に鎖国中の日本は、オランダとは長崎の出島《でじま》で交易をしていましたから、日本に最初に入った西欧型チーズは、オランダ名産の「ゴーダチーズ」でした。（第1章へ）

図1　ウィーン会議

Q2 「チーズの王様」といえば?

映画『会議は踊る』（E・シャレル監督）で有名なウィーン会議（1814年）は、ナポレオン戦争終結後のヨーロッパの秩序再建と領土分割を目的として開催されました。しかし、「会議は踊る、されど進まず」の名文句が生まれたように、各国の利害が対立してなかなか議事が進まず、暇をもてあましてしかたなくダンスをする機会が多かったようです（図1）。

このときに、やはり暇つぶしの趣向として「はたして『チーズの王様』はどの国のどのチーズか?」を決めることになりました。そこで各国の大使は自慢のチーズを自国から取り寄せて、品評会が開かれました。投票の結果、60を超えるチーズの中から満場一致で選ばれ、「チーズの王様」の称号を授けられたのは、開催国フランスの白カビ系チーズ「ブリー・ド・モー」でした（図2）。たしかに、熟成が進んでトロリとした特有の味と香りは、「王」に選ばれるだけのことはあると思います。（第2章へ）

図2　ブリー・ド・モー

Q3 世界3大ブルーチーズとは？

トリュフ、フォアグラ、キャヴィアは「世界3大珍味」として有名ですが、チーズの世界にもさまざまなランキングがあり、なかでも有名なのが「世界3大ブルーチーズ」です。ブルーチーズとは、熟成の際に乳酸菌とともに、人体に無害な青カビを使用したチーズです。フレッシュなチーズよりコクと深みがあり、パンチの効いたチーズがお好きな方にはお勧めです。

世界3大ブルーチーズとされているのは、イギリスのスティルトン、イタリアのゴルゴンゾーラ、そしてフランスのロックフォールです。このうちスティルトンとゴルゴンゾーラは牛乳からつくられ、ロックフォールはヒツジの乳からつくられています。

ところが、じつは現地の西欧各国では、「世界3大ブルーチーズ」といった表現は使われていません。どうやらこれは日本人が考えた、日本だけで知られているランキングのようなのです。

（第2章へ）

Q4 ナチュラルチーズとプロセスチーズの違いは？

ナチュラルチーズとはその名のとおり、自然な状態で乳酸菌が活動していて、時間の経過とともに味と香りが変化する「菌が生きているチーズ」のことをさしています。世界には1000種類以上のナチュラルチーズがあり、つくってすぐに食べられる「フレッシュタイプ」、寝かせてから食べる「熟成タイプ」があります。

一方、私たち日本人になじみの深いチーズは、小中学校の学校給食でも食べたプロセスチーズでしょう（図3）。これはナチュラルチーズを原料に、リン酸塩を加えて加熱・溶解させてから冷やして固めたチーズで、1911年、スイスで初めてつくられたとされています。第二次世界大戦中には、戦地でもチーズを食べたいという兵士の要望から軍事食として広まったようです。

図3　プロセスチーズの定番「雪印6Pチーズ」

ナチュラルチーズは自然の乳酸菌が生きている賞味用チーズ、プロセスチーズは保存性と携帯性を重視したチーズといえ

図4　ロックフォールの洞窟でつくられているブルーチーズ

ます。（第2章へ）

Q5 チーズの白カビや青カビは食べても安全？

乳酸菌を使って長期間熟成させるだけでもおいしいチーズができるのですが、冒険心に満ちた生物である人間は、乳酸菌以外にカビの助けを借りて熟成させると、いままでにない風味のチーズができることを発見しました。おそらく最初は、カビが生えてしまったチーズをたまたま口にしたのがきっかけだろうと考えられます。さきほど述べたブルーチーズとは青カビでつくったチーズですが、その産地の一つとして名高いロックフォール（フランス）では、いまも洞窟の中でブルーチーズをつくっていることも、このチーズのなりたちを物語っています（図4）。

チーズに使用される白カビや青カビは、ともに有名な抗生物質ペニシリンをつくるペニシリウム属に含まれますが、食用のカビですので、食べても大丈夫です。

ある日、私は、チーズについての講演をしたあとで、こんな質問を受けました。

「私はアレルギー体質で、ペニシリンショックの危険もあるのですが、ペニシリン株を使って熟成させたカビ系チーズを食べても大丈夫でしょうか？」

カビ系チーズに使用されるカビは、ペニシリンをつくるカビとは菌の種類がまったく異なります。だから安心して召し上がっていただいて大丈夫です。（第7章へ）

図5　エメンタールチーズ

Q6 チーズにも「目」がある？

はい、たしかにチーズには「チーズアイ」（Cheese Eye）と呼ばれる「目」をもつものがあります。それはスイス原産のエメンタールチーズです（図5）。「目」とは大きな空洞（穴）のことで、均等に、きれいな円形の穴があいているチーズがよくできたチーズとされています。いわばチーズアイは、おいしさの指標なのです。

エメンタールチーズは「プロピオン酸菌」という菌を用いて熟成させるという特別な方法を採っています。この菌がつくりだした炭酸ガス（CO_2）により、チーズの組織中にたくさんの空洞が生まれるのです。私の好きなアメリカのアニメ作品『トムとジェリー』でも、ネズミのジェリーの大好物としてよくこのチーズが出てきます。子どもの頃の私は、チーズにはみな、あのような穴があいているものだと信じていました。（第8章へ）

Q7 チーズを食べると太る？

チーズの成分は、水分を除けば半分はタンパク質、半分は脂肪です。そう聞けば、とても太りそうな食品に感じられるでしょう。しかし、原料乳の乳脂肪に由来するチーズの脂肪には、動物性脂肪の中でも非常に珍しい揮発性脂肪酸（ＶＦＡ）である「酪酸」を含んでいますので、体脂肪蓄積のコントロールに役立ち、肥満になりにくい性質があるのです。また、チーズにとくに多く含まれているビタミンB_2は、脂肪の体内燃焼を促進するため、肥満防止の効果があると考えられています。また、カルシウムの含量が高いことも、脂肪蓄積を防ぎます。したがって、ダイエットをしたい場合は、じつはチーズは優れた食品なのです。さらにコレステロールの吸収を阻害するペプチド（アミノ酸が結合したもの）もチーズ中に見つかっており、適量の摂取は生活習慣病を防ぐ効果もあると考えられます。（第10章へ）

Q8 チーズを食べると血圧が上がる？

血圧を上げる成分といえば、食塩（NaCl）です。一般的に、チーズには塩分が多いと思われがちですが、じつは意外と少ないのです。含有量が最も多いブルーチーズでも、4・5％以下。エメンタールチーズなどはとくに少なく、1・5％程度です。したがって、ほかの食品と比較しても、とくに塩分が多いということはありません。

一方、熟成の進んだチーズには、血圧を下げる作用を示すペプチド（降圧ペプチド）が数多く含まれています。これらが腸管から吸収されることで血圧を下げる効果が十分に期待できるため、チーズを食べて血圧が上がることは少ないと考えられます。（第10章へ）

Q9 チーズには虫歯の予防効果がある？

チーズと虫歯（専門的には「齲蝕《うしょく》」ともいいます）の関係は、わが国ではほとんど知られていないのではないでしょうか。

かつては、チーズを食べると唾液がたくさん出て、口腔内の雑菌が洗い流されることから、虫歯予防に効くと思われていました。最近の研究では、チーズに含まれるリン酸カルシウムに、虫歯でできた歯の穴を補修する作用があることや、チーズの乳タンパク質がもつ酸を中和する性質に、虫歯の予防効果があることなどが知られてきています。

世界保健機関（WHO）では、硬質チーズの虫歯予防効果はシュガーレスガムと並んで「probable」（高い可能性）に分類されているほどです。しかし、歯磨きをさぼってもよいということでは決してありませんので、過大評価は禁物です。（第10章へ）

Q10 「ハードタイプ」と「セミハードタイプ」の違いは？

ナチュラルチーズはいくつかのタイプに分類され、そのなかに「ハード」や「セミハード」というタイプがあります。その呼称からして、硬さを表していると思われがちですが、じつは両者の違いは硬さの違いではないのです！　これについては多くの書籍でも、間違った説明が見られます。

チーズづくりでは、乳を酵素で固めて「凝乳《ぎょうにゅう》」にしたあと、細かく切ってサイコロ状の「カード」をつくり、少しずつ温度を上げてカードからホエイ（乳清）を抜いていきます。カードは再びホエイ中で結着して塊《かたまり》になっていきますが、この段階で45℃よりもさらに加熱するかしないかの違いが、ハードとセミハードの違いなのです。

ですから、どんなに硬くなったものでも、非加熱であればセミハードに分類されます。たとえばオランダの有名なゴーダチーズやエダムチーズは、長く熟成させたものは相当硬いのですが、最終段階でカードを45℃以上には加熱していないので、セミハードに分類されます。このフランス式の分類を日本で適用する際に、正しく理解されないまま水分含量の違いによりセミハードやハードと分類してしまったのです。（第2章へ）

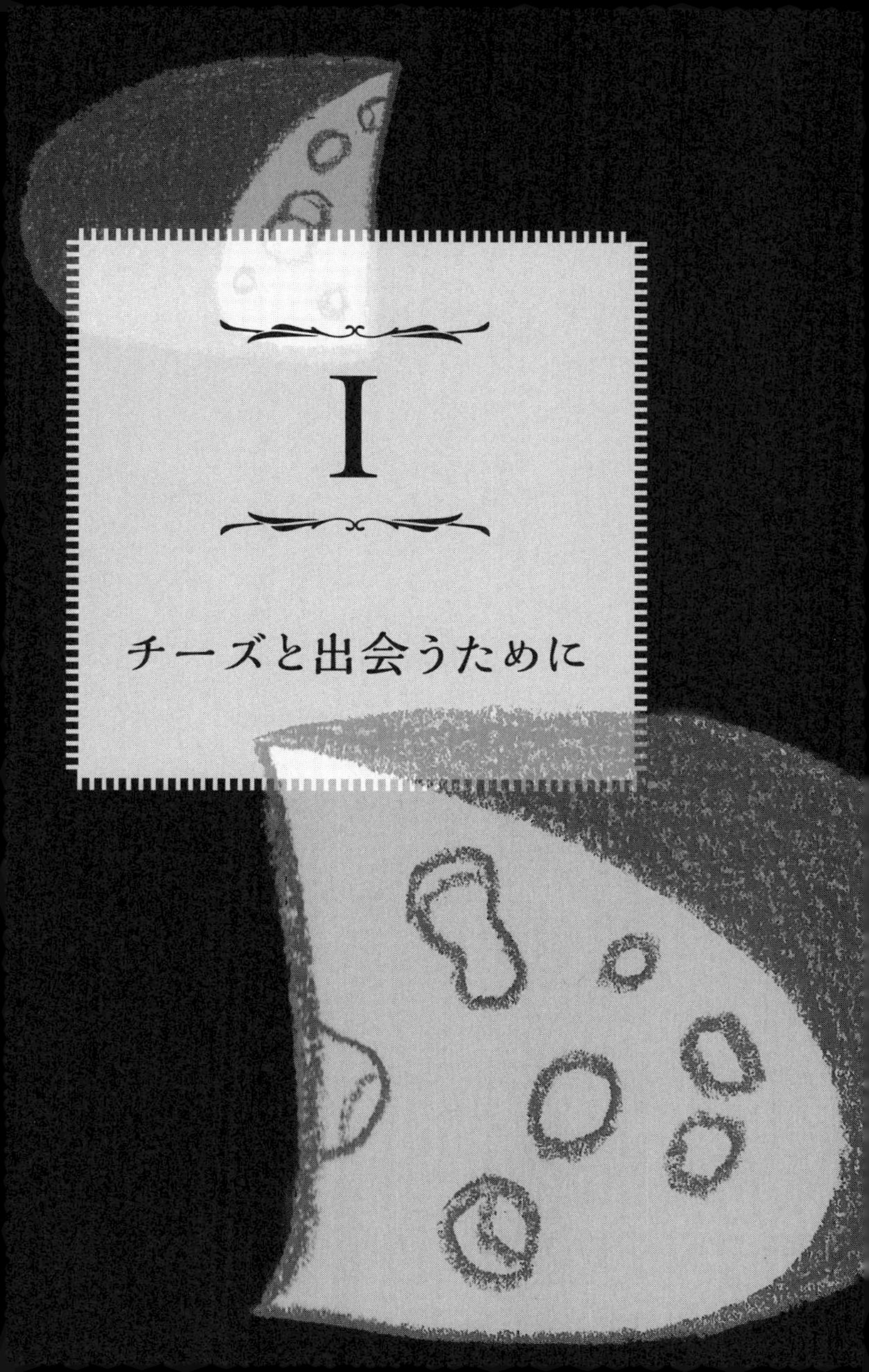

I

チーズと出会うために

第1章 チーズは偶然につくられた

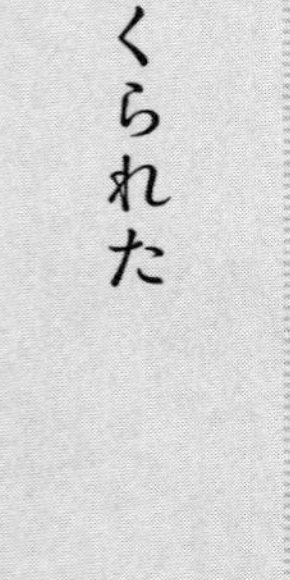

まず、そもそもチーズとはどのように生まれ、進化してきたのかを少したどってみることにします。歴史的な側面から見ても、チーズという食べものはじつにユニークです。

乳を原料とするチーズの歴史を知ることは、「乳と人間の歴史」を知ることです。そしてそれは、人と野生動物の関係を考えることでもあります。乳は哺乳動物の子にとって、生存に欠かせない重要な栄養です。その一部を利用して、おいしくて保存性にも優れた食品をつくるという仕事は、やはり人類にしかできなかったことでしょう。家畜は肉を食べてしまうとそれで終わりですが、搾乳した乳をうまく利用することで、人類が家畜と長期間にわたって共存する新しいしくみが生まれたのです。

そして人類はさらに、微生物による発酵と熟成という作用によって、乳をより質の高いものに変えていくことを可能にしました。チーズの歴史はまさに、人類と家畜や微生物とのつきあい方の歴史でもあり、将来にわたって人類が、安定した生活を獲得するための歴史でもありました。

それは約8000年前に西アジアで始まった

チーズは加工食品の中で最も歴史の古い食べものの一つと考えられています。その起源は、人類が野生動物を飼い馴らして「家畜」として飼いはじめたあと、搾乳《さくにゅう》が開始された時期であろうと考えられています。帯広畜産大学の平田昌弘准教授によりますと、野生動物の家畜化の時期については諸説があり、紀元前8500年ごろという非常に古い時代にまでさかのぼると考えられるそうです。また同様に、野生動物を家畜化して以降に搾乳が開始された時期についても諸説あり、少なくとも紀元前7000年にまでさかのぼると考えられているそうです（『ユーラシア乳文化論』より）。これらから、チーズづくりはおよそ紀元前8000年前には始まっていたのではないかと推定することができます。

原料となる乳を安定的に得るためには、哺乳動物（ヒツジやウシなど）の「家畜化」が必要です。それを実現して最初に安定的な乳搾りをスタートさせたのは西アジア（中東）と推定されていて、チーズづくりもここが発祥の地と考えられています。

最初につくられたチーズについては諸説ありますが、いちばん有名なのが次の逸話です。

〝アラビアの旅商人が、ラクダに乗って砂漠を横断する旅に出た。彼は乾燥したヒツジの胃袋でつくった水筒に、乳を入れていた。一日の旅を終え、喉を潤そうと水筒を開けると、乳は透明な

液体と白く柔らかい固まりに分かれていた。彼は透明な液体によって喉の渇きが癒され、白く柔らかい塊によって飢えが満たされた〟

この話の真偽はわかりませんが、その情景は目に浮かぶようです。チーズづくりが日常生活の中の偶然の発見と驚きからスタートしたというのは、おそらく間違いではないでしょう。ちょっと科学的に、水筒として使ったヒツジの胃袋の中で何が起こったのかを考えてみます。

まず胃の組織から、乳を固める特別な酵素（のちに凝乳酵素「キモシン」と呼ばれるタンパク質分解酵素）が溶けだしてきます。太陽熱によって乳と酵素が適温に温められると、酵素反応が徐々に進むことで、乳が凝固します。さらに、ラクダの歩行による振動が、乳を液体と固体に分離したと考えられます。チーズの起源は正確にわかっているわけではありませんが、おそらくはこのような庶民の日常の生活のなかから、偶然に人間が発見した食品だったのでしょう。すばらしい発見です。

砂漠を通って交易するアラビアの旅商人が出現したのは紀元前13〜12世紀頃と考えられますので、「アラビア商人起源説」が正しいとすれば、チーズ製造の本格的な開始は紀元前13世紀以降、ということになるでしょう。

3つのルートで世界に伝播

では、西アジアで誕生したチーズはその後、どのようなルートで世界中に伝わっていったのでしょうか？　大谷元氏（信州大学名誉教授）は、チーズ製造技術は以下の「3つの経路」で世界に広がっていったと推定しています（『現代チーズ学』）。

（1）西アジアからモンゴルへ

西アジアの旅商人は、モンゴル地域にもチーズづくりを伝えたと考えられています。ただし、この地域では、前述のチーズを固める酵素は使用しない、独特の方法でチーズをつくっています。すなわち、乳酸菌で乳酸発酵させた乳を加熱することで、タンパク質を凝固・分離させているのです。おいしさを追求する西欧型チーズの製造法とは異なり、腐敗しやすい乳を迅速に固め、長期保存に適した乾燥形態のチーズをつくっているわけです。これを東洋型チーズともいいます。

乾燥方法が「天日乾燥」であることも非常に大きな特徴です。モンゴルでは「ホロート」と呼ばれる硬質チーズが有名ですが、これは乳タンパク質をカチカチに乾かした凝固乾燥物です。筆者も食べたことがありますが、熟成をさせていないので旨みはまったく感じず、正直言っておいしくはありません。乳の貯蔵が目的だからです。

（2）西アジアからインド・チベットへ

チーズづくりはインドやチベットにも伝わりました。現在も伝わるその製造法もまた、西洋型とは一線を画しています。インドではヒンドゥー教が主たる宗教であり、その教えではウシは神聖な生き物とされているので、決して殺すことはしません。したがって、後述するように子牛を殺さないと採れない乳を固める酵素は使わずに、別の方法で乳を凝固させているのです。

それはおもに、加熱や酸により乳を凝固させる方法と、植物性の酵素を用いて乳を凝固させる方法の2種類です。インドで有名な「パニール」や「チャーナ」と呼ばれるチーズは、酸で乳を固めたものです。

また、山岳地帯のチベットでは、高地に適応したウシの仲間であるヤクの乳を乳酸菌発酵させて加熱した「チュルピー」と呼ばれるチーズが有名です。

（3）西アジアからギリシャやイタリアへ

チーズづくりはアジアより西の、ヨーロッパへも伝わりました。世界のチーズの中で現存する最古のものは、ギリシャのフェタチーズとされています。ついでイタリアのペコリーノ・ロマーノや、フランスのロックフォールもそれに次ぐ古い歴史をもっていると考えられています。

ヨーロッパのチーズづくりの特徴は、子牛を殺してその第4胃から採取される「レンネット」と呼ばれる乳を固める酵素を使う点にあります。さきのアラビアの旅商人の逸話にもあるように、西アジアではヒツジの胃袋からの酵素を乳の凝固に用いたようですが、ヨーロッパに伝わると、より多くの酵素が採れる子牛の胃袋を使う製造方法に移行したのだと考えられます。

なお、人間が家畜化して飼い馴らした最初の動物は、おとなしくて飼いやすいヒツジやヤギであったと推測されています。したがってチーズの原料も、最初はヒツジやヤギの乳だったと考えられます。牛乳のチーズが生まれたのはずっとあとのことと考えられ、牛乳チーズではフランスのカンタル、イタリアのパルミジャーノ・レッジャーノなどが古い歴史をもっています。

チーズの伝播と製造法の歴史は、このように乳を凝固させる方法に注目してみるとわかりやすいと思います。

日本での歴史は「明治時代」から

日本の文献に初めて「チーズ」と呼べる食品が登場したのは、6世紀半ばのことでした。朝鮮

図1－1　酥を復元したもの

半島の百済《くだら》から、仏教とともに「酥《そ》」が入ってきたのです（図1－1）。酥はチーズの原型とされる食べもので、当時は美と健康の妙薬として珍重され、口にすることができるのは朝廷の貴族だけだったと考えられています。7世紀の飛鳥時代には、ときの天皇が諸国の国司に酥を献納するよう命じたこともあり、武士が台頭してくる平安末期までの約600年間、酥は貴族のための高級食材として各地でつくられていました。しかし、一般民衆には高嶺の花であり、食品として根づくことはありませんでした。また、8世紀の奈良時代には、中国経由で酥のほかにヨーグルトやバターのような「酪《らく》」や「醍醐《だいご》」も輸入されていたようです。

その後、武家政権が誕生して朝廷が衰退すると、日本でのチーズづくりの歴史は足踏み状態となります。ただ、江戸時代の17世紀には、鎖国下で唯一の通商国であったオランダから、長期熟成型のセミハードチーズとして有名な「ゴーダチーズ」が江戸幕府に献上されていました。

日本でチーズづくりが再開されたのは、19世紀の明治維新後のことです。場所は開拓時代の北海道でした。ヨーロッパでは、チーズの普及には修道院などの宗教施設がとても大きな役割をはたしましたが、日本でもこれらの施設から民間レベルでチーズづくりが伝えられました。1896（明治29）年、函館にトラピスト修道院が設立されると、フランスから来た十数名の男子修道者が原野を開墾し、農耕や牧畜を始め、乳製品の製造に着手しました。1904（明治37）年にはゴーダ系のチーズが製造され、おもに道内の外国人向けに販売されました。同じ年にはやはり函館のトラピスチヌ修道院でも、ブリックやクリームなどのチーズの製造・販売を開始しました。これが、わが国におけるナチュラルチーズ製造のはじまりとされています。北海道のチーズづくりの変遷については、吉川雅子氏の著書『北海道チーズ工房めぐり』によく調べられた内容が紹介されています。

　1876（明治9）年、札幌農学校（のちの北海道大学）に、アメリカからあの有名なウィリアム・クラークが教頭兼農場長として迎えられました。北海道の酪農業は、この札幌農学校の二期生である町村金弥が中心となって発展しました。町村は卒業と同時に真《ま》駒内《こまない》牧場でバターやチーズの製造法を学び、彼の門戸を叩いた宇都宮仙太郎とその娘婿、出納《すいとう》陽一（デンマークの農業の推進に尽力）とともに、1926（大正15）年から自社の牧場乳を利用した本格的なチーズの製造を開始しました。1932（昭和7）年には「風車印」の商標で、チーズの販売も始めたようです。町村の三女の明子さんは、「できたチーズを母が梱包し、東京銀座の二幸と札幌の五番館に送る準備をしていたのをよく覚えています」と回顧しています。当時、風車印のチーズは本当に唯一の国産品であり、輸入品と肩を並べて高級品として陳列されていたのです。

日本のチーズのその後

その後の日本のチーズ製造の発展を、民間レベルと国家レベルに分けてみていきます。

民間レベルでは、1926（昭和元）年に北海道製酪販売連合会（以下酪連）が「雪印」の商標を取得し、1933（昭和8）年には安平村《あびら》（現・早来町《はやきた》）の遠浅地区に本格的なナチュラルチーズ用のチーズ工場を建設しました。雪印はこの工場で1928（昭和3）年からゴーダチーズやエダムチーズを試作しています。しかし、当時の物流や保存環境の問題から、ナチュラルチーズでは日持ちがしなかったため、やがて日持ちのよいプロセスチーズの製造へと路線変更されました。当時の工場や製造風景の様子を伝える、貴重な写真が残っています（図1－2）。

1937（昭和12）年には、年産225トンの東洋一のチーズ工場となり本格的な民間レベルでのチーズ製造が開始されました。プロセスチーズは国内に普及していき、日本人の乳製品摂取量の増加に大きく貢献することになりました。

一方、国家レベルでは、札幌農学校がスタートした1876（明治9）年に、アメリカから牧畜指導者としてエドウィン・ダンが七重官園（のちの北海道開発庁七重勧業試験場）に迎えられました。ダンは乳牛を導入・飼育し、乳製品の加工法も指導しました。ここでチーズの試作がお

図1－2　北海道安平村（当時）遠浅に建設された雪印の遠浅チーズ工場
上：工場の全景
中：ゴーダチーズを水切りし、塩漬の準備
下：原料乳を入れるブリキ製のチーズバット
（いずれも雪印メグミルク提供）

こなわれ、やがて本格的な製造が開始されました。ダンはその後、札幌の真駒内に真駒内種畜場（前述の町村が勤めた牧場）をつくり、バターやチーズの製造も始めました。１８７７（明治10）年に開催された「第1回内国勧業博覧会」には、ダンが製造したチーズが出品されています。

このように国家の先導によるチーズづくりは、北海道で、一人のアメリカ人技師の尽力によってスタートしたのです。

明治時代に始まった本格的なチーズ製造は、かつての酥とは一線を画する、日本で初めて乳を固める酵素を用いてナチュラルチーズをつくるという、歴史的な出来事だったのです。日本で初めてつくられたチーズは、オランダの製法を参考にしたゴーダタイプのものでした。現在の日本の乳業メーカーの前身である会社や組合が試作したチーズも、ほとんどがゴーダタイプでした。それから約１００年がたって、日本でもようやくいま、一般の家庭でもゴーダチーズがいつでも食べられるようになったのです。

１９２０年代に製造が始まったプロセスチーズは、１９６３（昭和38）年には学校給食に正式採用されました。一方、ナチュラルチーズは１９５１（昭和26）年に海外からの輸入が自由化され、１９６４（昭和39）年には飛行機による空輸が開始されました。こうして日本国内にも次第にチーズが普及していき、とくに学校給食でのプロセスチーズはヨーグルトとともに、児童生徒のカルシウム不足を補うことに貢献しました。

なお、プロセスチーズは前述のように兵士の軍事食として普及したもので、現在はアメリカやドイツで比較的多くつくられているほかは、日本のように一般的になっている国はありません。だから、チーズ＝ナチュラルチーズであり、わざわざ「ナチュラル」をつけて呼ぶことはありません。学校給食に採用された日本では、チーズ＝プロセスチーズという意識が根強かったため、とくにナチュラル／プロセスと区別して呼ぶようになったのでしょう。

第2章 世界のチーズのプロフィール

現在では世界中で、たくさんのチーズが生産されるようになりました。本書ではこれからさまざまなチーズが登場しますが、ここでまず、チーズにはどのような種類があるのか、どのように分類しているのか、について説明しましょう。多種多様なチーズのすべてを挙げることはできませんが、代表的なものは網羅していますので、このあとの章で、どのチーズの話をしているのかわからなくなったときには、ここに戻ってきていただければと思います。

歴史が育んだ1000種類と7つの分類

現在、世界中で食べられているチーズは、正確な数は不明ですが、1000種類以上ともいわれています。なかでもチーズの種類が最も多いとされている国はフランスで、じつに400種類以上もあるといわれています。フランスはまさにチーズ大国で、「ひとつの村にひとつのチーズ」といわれるほど多種多様なチーズがあります。その理由は、この国の気候風土が非常に変化

に富んでいるからだと考えられます。また、イタリアにも３００種類以上、オランダも１８０種類以上のチーズがあるといわれています。これらの中で、世界でいちばんつくられる量の多い種類は、Q＆AのQ１でも述べたように、イギリスを発祥とするチェダーチーズです。

チーズの分類のしかたには、使用する乳の種類、用いる微生物の種類、乳を凝固させたカードのつくり方、熟成の有無など、いろいろな観点があります。基準をどこに置くかにより、分け方も変わってきます。チーズを分類することは、じつは非常に難しいのです。

たとえば、原料乳（チーズミルク）をつくりだす哺乳動物の種によって分類することもできます。チーズの主成分はタンパク質ですので、泌乳量が多く、タンパク質含量も高い乳を出すウシやヤギやヒツジの乳がチーズには適しています。

世界中でいちばん多く飼育されているウシは、ドイツやオランダが原産とされる「ホルスタイン・フリージアン種」です。この種は体型が大きくて乳量も多く、日本では1年間に８５００L以上の乳を出す乳牛が一般的です。年間１万L以上を出す「スーパーカウ」と呼ばれる優れた乳牛もたくさんいます。乳量が多いうえにタンパク質含量も多いので、チーズづくりには適しているわけです。

しかし、ホルスタイン種よりもさらに乳タンパク質含量の高い乳を出すウシもいます。たとえばジャージー、ブラウンスイス、エアシャーなどが有名で、もちろんチーズづくりには有用です。

また、牛乳のほかに、ヤギ乳やヒツジ乳もチーズづくりに用いられます。とくにフランスのヤギ乳チーズは種類も多く有名で、「シェーブルタイプ」として分類されています。また、イタリアではペコリーノなどのヒツジ乳チーズも有名です。

国によってはそのほかの動物の乳も使われます。たとえばチベットやモンゴルなどの山岳地域では、馬乳やヤク乳などを使っています（東洋型チーズ）。ラクダ乳やトナカイ乳を使う地域もあります。しかし、世界の市場で一般的に取り引きされているのは、牛乳、ヤギ乳およびヒツジ乳からつくったチーズです。

フランスの分類と日本の分類

では、世界で最もチーズの種類が多いフランスにおける分類を見てみましょう。フランスではチーズは以下のように5つのグループに分類されています。

❶フレッシュ（非熟成）
❷ソフトタイプ（白カビがついた表皮、洗った表皮、自然な表皮）
❸シェーブル（ヤギ乳）
❹パセリ状の生地（青カビ）

❺プレス（圧搾）した生地（非加熱）
❻プレス（圧搾）した生地（加熱）

このようにフランスでは、おもに「チーズの生地」の状態を基準にして分けているようです。

一方、日本においては、チーズプロフェッショナル協会（ＣＰＡ）がフランス方式を参考にして、以下の7つのタイプに分けています。

①フレッシュ（非熟成）
②セミハード（非加熱圧搾）
③ハード（加熱圧搾）
④白カビ（軟質）
⑤青カビ（軟質）
⑥シェーブル（ヤギ乳）
⑦ウォッシュ（洗った表皮）

日本では、ナチュラルチーズはまず「フレッシュチーズ（非熟成）」（①）と「熟成チーズ」（②〜⑦）の2つに大きく分けられています。

フレッシュチーズは原料の乳を短時間で乳酸発酵させたあと凝固させて、熟成という工程は経ずにつくるものです。一方、熟成チーズは、凝固させたカードを湿度が高く低温の熟成庫に入れて、熟成させてつくるものです。簡単にいえば、フレッシュチーズはすぐに食べられるチーズで、熟成チーズは最低でも1ヵ月以上たってから食べるチーズです。

フレッシュチーズと熟成チーズ

この両者の違いをもう少しくわしくみていきましょう。

フレッシュチーズでは、あっさりとした水気《みずけ》たっぷりの新鮮な乳の風味を楽しめます。フレッシュチーズに属するチーズとしては、カッテージ、クリーム、フェタ、フロマージュ・ブラン、マスカルポーネ、モッツァレラ、パニール、クワルクなどが知られています。

たとえばモッツァレラはイタリアを代表するフレッシュチーズで、ナポリ名物のピッツァ・マルゲリータに欠かせないのはもちろんのこと、カプレーゼという赤いトマトと緑のバジリコを組み合わせた彩りのきれいなサラダにも不可欠です。本物のモッツァレラチーズは水牛の乳を使ってつくりますが、最近では牛乳でつくられたもののほうが多く販売されています。

ほかに、マスカルポーネはお菓子のティラミスの原料として使われます。フロマージュ・ブランやクワルクはヨーグルトに似ているチーズです。前者はフランスでは学校給食でもよく出され、後者はドイツではチーズ生産量の半分を占めるといわれるほど多くつくられています。カッテージとクリームは、アメリカの朝食風景では定番のフレッシュチーズとなっています。

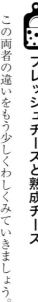

一方、熟成チーズは、熟成中に働く微生物の種類によってさらに分けることができます。すなわち、乳酸菌のみを使用したもの（日本の分類②③）、乳酸菌と白カビを使用したもの（同④）、乳酸菌と青カビを使用したもの（同⑤）です。

乳酸菌だけでも無数の味わいが生まれるのですが、ここにタンパク質分解能力の高い白カビを使うと、さらに発酵が進み、加熱しなくてもトロッとしたなめらかな組織のチーズができます。カマンベールやブリーがよく知られています。

また、乳脂肪を強力に分解する脂肪分解酵素（リパーゼ）を多く出す青カビを使うと、脂肪がよく分解され、さらに脂肪酸がほかの成分と反応することで、熟成にともなって味わいの深い刺激的なチーズができます。さきほど紹介した3大ブルーチーズなどがよく知られています。

このほか、乳酸菌に白カビと青カビをともに用いたチーズもあり、これまでの分類に当てはまらない新しいタイプとなっています（後述）。

セミハードタイプとハードタイプ

順番が前後しましたが、乳酸菌だけを使用する熟成チーズは、セミハード（非加熱圧搾）（日本の分類②）と、ハード（加熱圧搾）（同③）に分類されます。このとき非常に重要なポイントは、Q&AのQ10でも述べたように、両者の違いはチーズの硬さ、すなわちチーズ中の水分量に

図2－1　熟成中のパルミジャーノ・レッジャーノ

よるものではない！　ということです。たしかにどちらも硬質、あるいは半硬質と呼ばれる硬いチーズなのですが、正しくは両者の違いは、乳が凝固してできた凝乳を切ってまた固めたカード塊を、45℃以上に「加熱する」か「加熱しない」かにあるのです。

　フランス式の分類の❺❻の「プレス（圧搾）した生地」を日本語にあてはめた際に、便宜上、「非加熱タイプ」を「セミハード」とし、「加熱タイプ」を「ハード」としたために、混乱が生じたのだと思います。実際には、かなり硬く仕上がったチーズでも、カードが非加熱処理であればセミハードチーズに分類されます。

セミハードは非常に種類が多く、味わいも質感もさまざまです。このタイプでは、カンタル、フォンティーナ、ゴーダ、サムソーなどのチーズが知られています。

一方、ハードでは、コンテ、エメンタール、グリュイエール、チェダー、エダム、ミモレットなどのチーズが知られています。Ｑ＆ＡのＱ１で述べたようにチェダーは世界でいちばんつくられているチーズです。チームアイで有名なエメンタールチーズもこのタイプです。イタリアには「グラーナ」と呼ばれる超硬質なタイプもあり、なかでもパルミジャーノ・レッジャーノ（通称パルメザンチーズ）は最も有名です。このチーズは40kg以上の円筒形で保存され（図２－１）、そのままであれば何年でも内部熟成を続けます。「ヴェッキオ」という印があれば2年もの、「ストラヴェッキオ」なら3年もの、「ストラヴェッキオーネ」ならじつに4年もの、といった「年代物」になります。

白カビタイプと青カビタイプ

白カビタイプ（日本の分類④）と青カビタイプ（同⑤）は、ともに軟らかい軟質チーズです。おそらくは、貯蔵していたチーズに偶然にカビが生えてしまったのを食べた人間が、その独特の風味に魅せられて、あえてカビを生やすようになったものと思われます。

白カビタイプでは、ブリー、カマンベール、ボンチェスター、クロミエ、ヌシャテルなどが知られています。

青カビタイプ（ブルーチーズ）では、ブルー、カンボゾラ、ダナブルー、フルム・ダンベール、ゴルゴンゾーラ、ロックフォール、スティルトンなどが有名です。とくに「3大ブルーチーズ」と呼ばれるのがゴルゴンゾーラ、ロックフォールおよびスティルトンの3種類ですが、このような呼び方はQ&AのQ3でも述べたように、日本独自の言い方のようです。

牛乳以外の乳を使ったチーズ

牛乳以外の乳としては、シェーブルと呼ばれるヤギ乳のチーズ（日本の分類⑥）があります。独立した分類となっているのはヤギ乳だけで、ヒツジ乳という分類はないのですが、どうしてなのかはわかりません。

シェーブルタイプはほとんどが軟質チーズで、バノン、ハロウミ、サン・クリストフ、サント・モール、ヴァランセなどが知られています。独特の強い香りが特徴です。

また、分類にはありませんが、ヒツジ乳のチーズは「ブルビ」と呼ばれます。ヒツジ乳は脂肪含量もタンパク質含量も牛乳やヤギ乳よりも多く、チーズづくりには向いています。牛乳にアレルギーがあり、ヤギ乳のシェーブルのような強烈さを好まない方には、ヒツジ乳チーズが向いているかもしれません。このチーズではアムー、アノー、ラランス、ペコリーノ・ロマーノ、サルテノなどが知られています。

ウォッシュタイプ

ウォッシュ（日本の分類⑦）はチーズの表面を塩水や地元の酒などで洗ったチーズです。このタイプでは、型抜きしたチーズの表面に放線菌の仲間のリネンス菌（Brevibacterium linens）を接種します。この菌が表面で増殖して熟成が進むと、チーズの表面には赤みを帯びた粘性のある湿り気と、強い匂いが出てきます。ただし内部は白くマイルドな組織です。リネンス菌の生育を適度に抑え、雑菌やカビから守るために塩水や酒で洗浄しながら、独特の風味をつくっていくことから、このような分類名になっています。

ウォッシュは中世の修道院で生まれたものが多いので、「修道院タイプのチーズ」といわれることもあります。洗浄に使う酒は、多くの場合はマール（ワインの搾りかすでつくる蒸留酒）ですが、ビール、カルヴァドス（リンゴのブランデー）、プラムのブランデーが使われることもあります。最初は塩水で洗い、少しずつ酒を足していきながら最後は酒だけで洗うという方法が多いようですが、塩水で数回洗うだけのものから、酒も含めて全体で10回も洗うものもあるようです。このタイプのチーズでは、ベルグ、エスロム、ドーファン、ラングル、リンバーガー、リヴァロ、マンステール、ポン・レヴェック、ルブロションなどが知られています。

ナチュラルチーズとプロセスチーズ

そもそもチーズは製造方法の違いから、大きく「ナチュラルチーズ」と「プロセスチーズ」に分けられます。

ナチュラルチーズは乳酸菌による乳酸発酵後に、加熱殺菌などをしていないチーズです。したがって乳酸菌や酵素がチーズの中で生きていて、時々刻々と風味が変化します。

一方、プロセスチーズは、ナチュラルチーズの何種類かを原料として、乳化剤とともに混ぜ合わせ、加熱して溶かし、固めた食品です。したがって乳酸菌は殺菌されて死んでしまい、各種酵素は加熱処理により活性がなくなって（失活）いますので、チーズの風味は固定されます。そのかわり、長期保存が可能になっています。

乳酸菌やカビや酵素などの活動のイメージで考えますと、ナチュラルチーズは「動的」な食品で、プロセスチーズは「静的」な食品といえるでしょう。8000年前にまでさかのぼれるチーズの歴史のなかで、プロセスチーズの歴史は非常に新しく、前述のように戦地でも兵士が安定して栄養価の高い食品をとる必要から開発され、普及しました。日本ではプロセスチーズの普及がナチュラルチーズよりも先行したこともあり、小中学校の学校給食でも月に1回以上は出る定番メニューとなっています。しかし、フランスやイタリアの学校給食では毎日のようにナチュラルチーズあるいはチーズ料理が出ているのです。本当にうらやましいかぎりです。

また、これもすでに述べたように、日本ではチーズというと最初に広く普及したプロセスチーズのイメージが非常に強いですが、海外ではチーズといえばナチュラルチーズですから、あえてナチュラル（自然の）という必要はないのです。

これまでの分類を超えたチーズ

従来のチーズ分類に、ぴったり当てはまらないチーズがあります。たとえば、「リコッタ」がそうです。このチーズは、イタリアチーズであるペコリーノ・ロマーノをヒツジ乳からつくるときに出る、ホエイ（乳清）でつくった無塩で低脂肪のチーズです。牛乳のホエイでもヤギ乳のホエイでもつくることはできますが、ルーツをたどるとヒツジ乳に行き着くようです。

ホエイは通常のチーズ製造工程では捨てられる運命にある副産物ですが、これをそのまま、あるいはほぼ同量のヒツジ乳を加えて高温で再度加熱すると、タンパク質が熱変性して浮いてきます。リコッタはその塊を集めてつくられます。「リコッタ」という言葉は「二度加熱する」という意味だそうです。乳を固める酵素を使っていないので、ぼそぼそとしているチーズです。成型するとしっかりと硬くなりますが、加熱しても溶けて伸びることはありません。

チーズは人々の生活と密接にかかわる食品としてつくられて進化してきましたので、現代人には現代人にあったチーズが新しく創造されてしかるべきだと思います。

ドイツの「カンボゾーラ」は、新しいおいしさを追求したチーズ商品であり、近年、世界的にヒットしました。これは表面が白カビ系で、内部が青カビ系という、両方のおいしさを兼備したハイブリッドタイプといえます。従来のチーズの分類体系には収まらない、新しいジャンルのチーズです。これを製造するには、白カビと青カビのコントロールという高い製造技術が要求されるため、安定供給は難しいそうです。日本では「ブルー」と「カマンベール」をくっつけて「ブルカマ」あるいは「カマン&ブルー」と呼ばれることもあります。青カビチーズは塩からいものが多いので、このようなチーズは減塩志向の現代にはマッチしていると思います。

このほか、フランスではヤギ乳からつくったシェーブルに、ウォッシュタイプ（ペシェゴ）や青カビタイプなどの新しいチーズが登場しています。ヤギ乳に人為的に青カビを接種することは、これまでになされていなかった新しい試みです。最近の傾向として、脂肪率の非常に高いチーズ（ダブルクリームやトリプルクリーム）や塩分の高いチーズは健康への意識の高まりから、世界的に見ても減産傾向にあるようです。

CHEESE COLUMN

チーズの王様と女王様

チーズの世界にも「王様」や「女王様」などという表現があります。ウィーン会議でのチーズコンテストで、フランスの「ブリー・ド・モー」が満場一致で「王様」に選ばれたことはQ&AのQ2でお話ししました。一方、フランスの山岳地帯サヴォアでつくられる大型のボーフォールチーズは、チーズの「プリンス」すなわち「王子様」と呼ばれています。フランスでは王様がブリー、王子様がボーフォールということになるでしょうか。

国が違ってスイスでは、やはり自慢の国産チーズであるエメンタールチーズを「王様」、グリュイエールチーズを「女王様」としています。両方のチーズを溶かしてつくるのがチーズフォンデュで、有名なスイスの家庭料理です。

チーズプロフェッショナル協会会長の本間るみ子氏は、フランスの「王様」ブリーは上品でやさしい味わいなのでむしろ「女王様」であり、「王様」には、歴史が古く、味に力強さがあり、洞窟で熟成させるという神秘性も備え、歴代の王にも保護されたことを考えると、ロックフォールがふさわしいのではないか、と提案されています。また、世界のチーズから「王様」を選ぶとしたら、長い歴史があって美味であり、3年から5年と熟成期間は最も長く、40kgもの堂々とした容姿を誇るイタリアのパルミジャーノ・レッジャーノを選ばれています（『チーズを楽しむ生活』）。私もこのチーズが大好きなので、まったく同感です。

ただ、もちろん好みは人それぞれで、イタリア産ではパルミジャーノ・レッジャーノのほかに、（日本では）「3大ブルーチーズ」とうたわれる青カビ系のゴルゴンゾーラ、古代ローマに起源をもつとされるヒツジ乳でつくったペコリーノ、そしてカンパーニア地方の湿地で育つ水牛乳でつくったフレッシュチーズのモッツァレラ・ディ・ブファラ・カンパーナを一番に選ぶ方も多いかもしれません。

チーズの生産量ランキング

チーズを生産している国は世界中に存在し、統計上の正確な生産国数はわかりません。乳の凝固にレンネットを用いず天日干しでつくる東洋的なチーズ製造まで含めると、さらに国の数は増えると考えられます。山岳地域には、冷蔵庫などの冷却装置の使用が一般的でないところが数多くあります。そのような国や地域では、栄養成分に富む家畜乳を少しでも長く保存したいという願いから、チーズや発酵乳などの乳酸発酵食品の食文化が進み、いろいろな形で生産されていると考えてよいでしょう。

ここでは、乳を凝固させる酵素を使用する西洋型のチーズについて、世界各国でさまざまな比較をしてみたいと思います。

まずは、主要生産国と生産量を表2－1に示しました。これらの情報は、国際酪農連盟（IDF）が定期的に公表しています。その最新データ（2015年版）を見ると、2014年度のナチュラルチーズの世界総生産量は主要58ヵ国合計で約1960万トンで、その他の国を含めて約2200万トン。このうち約90％は、乳業工場に出荷された生乳から製造された牛乳のチーズ（すなわち乳業によるチーズ）です。残りの10％は、農場製品（ファームチーズ）と自家製製品およぴ、ほかの家畜（ヒツジ、ヤギ、水牛）の生乳から製造したチーズです。

このうちの約70％は、ヨーロッパ連合（EU）加盟28ヵ国（2014年度当時）とアメリカによって占められています。EU加盟国の生産量合計は876万トンです。一国としての世界一のチーズ生産大国はアメリカで、チェダー系のチーズを

国名	生産量（万トン）
EU 28ヵ国合計	876
ドイツ	230（牛乳のみ）
フランス	179（牛乳のみ）
イタリア	98（牛乳のみ）
オランダ	77（牛乳のみ）
ポーランド	71
アメリカ	519
ブラジル	74
トルコ	63
アルゼンチン	58

表2－1　チーズの主要生産国と生産量ランキング（2014年度：IDF調べ）

国名	輸出量（万トン）
EU 28ヵ国	72
オランダ	12
フランス	10
ドイツ	9
イタリア	8
ポーランド・デンマーク	6
アメリカ	37
ニュージーランド	29
オーストラリア	17
ベラルーシ	16

表2－2　世界のチーズの輸出国ランキング（2014年度：IDF調べ）

中心に、クリームやカッテージ、プロセスチーズなどがつくられ、生産量は約５１９万トン。ＥＵ加盟国の総生産量の半分以上ものチーズを一国でつくっていることになります。あとに続くのは、ブラジル、トルコ、アルゼンチンなどで、表にはありませんが日本は20番目（約４・６万トン）です。

チーズの輸出量・輸入量ランキング

チーズの生産が多い国の中には、自国での消費量より他国への輸出量が多い国もあります。また、チーズ生産量は少ないですが、国民に高い消費動向がある国は輸入量が多くなります。世界のチーズの輸出国ランキングを表２－２に、輸入国ランキングを表２－３に示しました（いずれも２０１４年度）。

まずチーズの輸出では、ＥＵ加盟28ヵ国を除くと、アメリカ、ニュージーランド、オーストラリア、ベラルーシが上位を占めています。チーズの輸出国といえばヨーロッパ諸国やアメリカが突出しているように考えられがちですが、最近では大きな変化があります。これまでチーズ後進国と考えられていたニュージーランドやオーストラリアが、チェダーやクリームチーズを中心に、輸出量を大きく伸ばしているのです。日本のチーズ輸入先も20年ほど前はEU加盟国のオランダが1位でしたが、現在ではニュージーランドとオーストラリアの2国が全体の約60%を占めています。日本に輸入されたチェダーチーズは国産のゴーダチーズなどと一緒に加工されて、おもにプロセスチーズの原料として使われています。

次に、チーズの輸入量を見ていくと、ロシア、日本、アメリカ、サウジアラビア、メキシコ、韓国などに顔ぶれが変わります。なんと日本は世界第2位のチーズ輸入大国なのです。輸入先としては前述のニュージーランドとオーストラリアが断然多く、デンマークやオランダがこれに続きます。フランスからの輸入は意外にも10番目で、軟質のソフトチーズが多く空輸されています。

国名	輸入量(万トン)
ロシア	30
日本	23
アメリカ	17
サウジアラビア	12
メキシコ・韓国	10
オーストラリア	9
EU28ヵ国	8
中国	7
スイス	5

表2-3　世界のチーズの輸入国ランキング（2014年度：IDF調べ）

EU加盟国全体のチーズ輸入量は第7位ときわめて少なく、ほとんどの国が自国産で十分まかなえていることがわかります。また、日本の2014年度の輸入量は2000年度と比較して約1・1倍と微増ですが、中国は同じ年度の比較で約33倍と急増しています。中国に急激な食の欧米化が起こっていることがわかり、近い将来には上位国の仲間入りをすることが予

国名	消費量（万トン）
EU 28ヵ国合計	913
ドイツ	200
フランス	171（牛乳のみ）
イタリア	124（牛乳のみ）
イギリス	75
ポーランド	62
アメリカ	493
ロシア	83
ブラジル	75
トルコ	59

表2－4　世界のチーズの総消費量ランキング（2014年度：IDF調べ）

想されます。

チーズの消費量ランキング

２０１４年度の世界のチーズの総消費量は、約２０３２万トンです。ランキングは表２－４に示しました。生産も輸入も上位のアメリカが一国としては世界一の約４９３万トンで、ドイツ、フランス、イタリアが続いています。「ＢＲＩＣｓ」と呼ばれる諸国の消費量が急増していて、ロシアが5位、ブラジルが6位にランクインしています。日本の総消費量は18位で、約27・9万トンです。

一方、国民一人当たりのチーズ消費量（２０１４年度）は表２－５に示しました。世界統計で比較するとフランスの25・9kgがいちばん多く、ついでアイスランド、フィンランド、ドイツ、エストニアと続いています。一人当たり消費量で第1位、生産量では第2位のフランスは、やはり世界一のチーズ大国といえるかもしれません。

残念ながら日本人の一人当たりの年間消費量は２・３kgしかなく、毎日約6gのチーズしか食べていません。1位のフランス人は毎日約71gですから、実に私たちの12倍も食べている計算になります。日本ではまだチーズはおもにお酒の「おつまみ」として食べられているのに比べ、フランスをはじめヨーロッパ諸国では、毎日の食卓に欠かせない存在であることがわかります。

しかし、日本も最近では、プロセスチーズ用のチェダーチーズのほかに、クリームチーズなどのフレッシュチーズや、カマンベールチーズ、ブルーチーズなどの白カビ系、青カビ系の輸入も伸びてきています。フレッシュチーズやカビ系のチーズが日本でも食べられるようになったのは、飛行機での輸送によりチーズの鮮度が保たれるようになったからです。近年では少しずつ、和食の中にチーズが取り込まれていく傾向もみられていますので、これからの伸びしろは大きい国といえるでしょう。

国名	1人当たり消費量（g）
フランス	25.9
アイスランド	25.2
フィンランド	24.7
ドイツ	24.3
エストニア	21.7
スイス	21.3
イタリア	20.7
リトアニア	20.1
オーストリア	19.9
スウエーデン	19.8
アメリカ	15.4
日本	2.3

表2－5　国民一人当たりのチーズ消費量ランキング（2014年度：IDF調べ）

ところで、日本はフランスやイタリアで製造された無殺菌乳チーズの輸入を許可していますが、アメリカやオーストラリアでは、無殺菌乳チーズの輸入を禁止にしています。無殺菌乳には、まれにリステリア菌が含まれている場合もあり、温度管理が不十分であった場合にはごくまれに、チーズ中で増殖して食中毒事故の可能性があります。それを心配しての政治的な措置だと考えられます。そこには、チーズをつくり輸出している国と、主としてチーズを輸入して食べている国との無殺菌乳に対する考え方の違いがあるようで、輸出入をめぐってはしばしば国家間で問題になっています。いまのところ日本では、リステリア菌による事故例は知られていません。

CHEESE COLUMN

日本の輸入チーズはなぜ高い？

一般的に、外国から輸入する商品に対しては、輸入関税という税金がかかります。チーズもその例外ではありません。日本でのチーズ消費を伸び悩ませている障害の一つに、輸入チーズの価格が高いという問題があります。実際に私も、アメリカで博士研究員として働きはじめたとき、スーパーのチーズや、マクドナルドのチーズバーガー、そして宅配の大型ピザの安さには大いに驚いたものです。日本は食品の中でもチーズにはとくに高い関税をかけていて、1951（昭和26）年、ナチュラルチーズの輸入が自由化されたときの関税率はじつに35％でした。ガット（関税と貿易に関する一般協定）のウルグアイ・ラウンドにより関税率を少しずつ下げていくことになり、2016年現在は29・8%にまで下がってきてはいますが、それでも諸外国では高くても十数%ですから、日本の輸入チーズは非常に高くなってしまっているのです。国産の乳製品を守るための国家の保護政策とはいえ、もう少し安くなってくれると、もっとおいしいチーズをたくさん食べることができるのですが。

ただし国も、特例措置をもうけてはいます。プロセスチーズをつくる際に、国産の熟成型チーズも使用するのであれば、輸入したチーズの関税率をゼロ（無税）にする関税割当（抱合せ）という制度があるのです。これにより、プロセスチーズを安価に製造・販売することができるようになりました。

第3章 チーズの選び方と楽しみ方

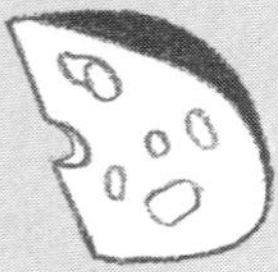

この章では、日本人がもっと日常的にチーズを楽しむためには、どのようなチーズの選び方や食べ方があるのかを考えてみたいと思います。

自分の好みを探す

日本ではいまもチーズといえば、プロセスチーズのほうが一般的なように思われます。しかし最近では本格的なナチュラルチーズも国内で購入できるようになりました。海外のように気軽に試食しながら好みの量をグラム単位の量《はか》り売りで買える専門店はまだ少ないにしても、チーズと出会うチャンスは確実に増えています。

自分に合ったチーズを選ぶには、チーズの「熟成管理士」と呼ばれる専門員のいる店舗なら品質管理がとくにきちんとされており安心なのですが、まだこのようなお店は多くはありませんので、買う側にもチーズのどこに注目して選べばよいのか、多少の勉強が必要でしょう。

ここでは、ナチュラルチーズに限って、チーズ選びの際の注目すべきポイントをあげていきます。みなさんも以下のさまざまな基準を参考にして選ぶと、きっとお気に入りのチーズに出会えるはずです。

❶原料乳による違い

まず、チーズの原料に注目してみましょう。原料は牛乳だけとは限らず、水牛の乳、ヒツジ乳、そしてヤギ乳などがあります。

水牛の乳からつくるチーズの代表がモッツァレラですが、最近ではなかなか水牛の乳が安定的に入手できなくなりました。そのため、本場イタリア産の水牛乳からつくったものがとくにモッツァレラ・ブファラと呼ばれ、大量生産用の牛乳でつくったものが普通はモッツァレラと呼ばれています。ヤギ乳からつくるシェーブルタイプは、牛乳に比べて酸味が強くなります。動物の乳独特の香りが不得意な方は、最もマイルドな牛乳からつくったチーズがやはりお勧めです。

❷微生物による違い

チーズはその中に棲んでいる微生物によって熟成していきます。大きく分けると、乳酸菌によって熟成する「乳酸菌熟成」と、乳酸菌プラス白カビや青カビによって熟成する「カビ熟成」の2つのタイプがあります。

乳酸菌熟成は一般的に、香りや味は穏やかなものが多くなります。

カビ熟成では、白カビ系は刺激臭が少なく、ねっとりとしたマイルドな柔らかい食感が特徴です。青カビ系は香りや風味が強くなり、また、カビの生育を制御するために塩分が高めになり、ピリッと舌を刺すような刺激も特徴です。また、青カビの菌糸が口に当たる場合もあります。

カビ系はどうも抵抗があるという方は、まずは乳酸菌熟成型のチェダーかゴーダから、または白カビ系ですが組織がマイルドなカマンベールから始めるのがお勧めです。

❸熟成度による違い

チーズにはまったく熟成させない非熟成タイプのフレッシュチーズと、さまざまな種類の熟成タイプがあります。熟成タイプでも熟成期間には1ヵ月から48ヵ月くらいまで、かなりのバリエーションがあります。熟成期間が短いものほど、チーズ中の水分含量が高く、食感は柔らかくなります。

乳酸菌熟成チーズでは一般に、熟成期間が長くなると水分が減って硬くなり、組織も弾力性を失い、ぼそぼそとしてきます。ただし2年目くらいが食べごろであるパルメザンチーズなどの長期熟成型チーズでは、チロシンというアミノ酸の結晶が表面に出て、シャリシャリとした独特の食感と旨みが生まれてきます。

一方のカビ熟成では、白カビ系のチーズには熟成が進むと流れ出るようにトロトロになるものもあります。

熟成によってそうした個性的な特徴が生まれてくるのですが、チーズ経験がまだ浅い方は、まずはフレッシュタイプのカッテージやクリームチーズ、あるいは熟成期間が3ヵ月程度の若いゴーダかチェダーで慣れていくのがよいかと思います。

❹殺菌方法による違い

チーズには原料乳を殺菌するものと、殺菌しないものがあります。殺菌技術が進歩した現在では、低温保持殺菌（63℃で30分加熱）した殺菌乳からつくることが一般的になってきましたが、まったく殺菌をしない無殺菌乳からつくるという古来の伝統を生かしたチーズもまだまだありま す。ヨーロッパ産のチーズでは、殺菌乳なら「lait pasteurisé」、無殺菌乳なら「au lait cru」と記載されているので確認できます。

無殺菌乳では、乳にもともと含まれている自然な乳酸菌や酵母など、場合によっては10種類以上もの微生物により発酵が進みます。そのため、複雑な風味をもつ個性的なチーズとなるのですが、私としては、初心者にはまずは通常の殺菌乳からつくった、風味の安定したチーズをお勧めしたいと思います。

なお、殺菌乳も、後述するように製造工程の最初に別培養した乳酸菌（スターター）やカビを加えて人為的に発酵させることになりますので、チーズの中で微生物が生きていることには変わりありません。

❺形による違い

チーズの大きさは大小さまざまですが、いずれも形は、円盤状か円筒形が一般的です。ほかに、空気の通り道に麦わらを1本通したバトン形もあります。

特徴的な形のものを、図3－1にあげました。フランス産のサント・モール・ドゥ・トゥーレーヌはヤギ乳を使うシェーブルタイプですが、中心に麦わらが1本通っていて、空気を送り、形が崩れないようになっています。また、スイス原産のエメンタールチーズはすでに紹介したように、大小の空洞（チーズアイ）があいています。孔が正円で光沢があり、しなやかなものが最高の状態とされています。

変わり種としては、「エッフェル塔」の愛称をもつフランス産のプリニー・サン・ピエール（ヤギ乳）や、先端をカットしたピラミッド形をしたフランス産のヴァランセ（ヤギ乳）、ピラミッド黒（ヤギ乳）などがあります。また、フランス産白カビ系のバラカ（牛乳）は馬蹄の形をしており、「幸福を呼ぶチーズ」として有名で贈り物にもよく使われます。同じくフランス産白カビ系のヌーシャテルは、ハート形です。ひょうたん型をしているイタリアのカチョカヴァッロ（セミハード）もユニークです。このような形のおもしろいチーズをいろいろと試してみるのも一興ではないでしょうか。

一方、プロセスチーズと聞くと、青い円盤状のパッケージに入った三角形のチーズを思い出す

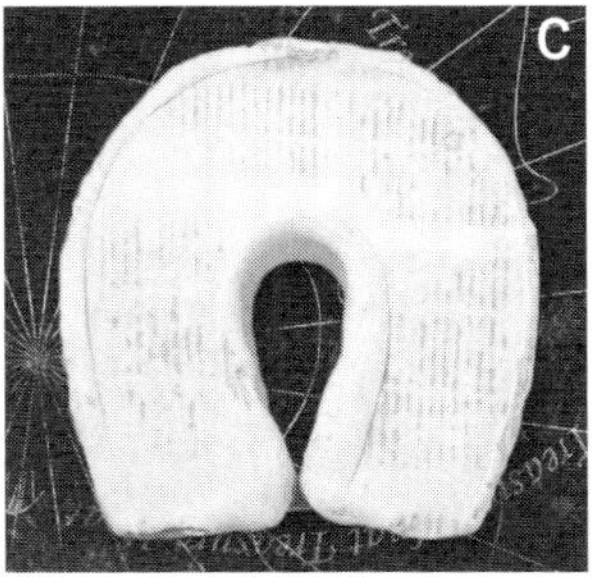

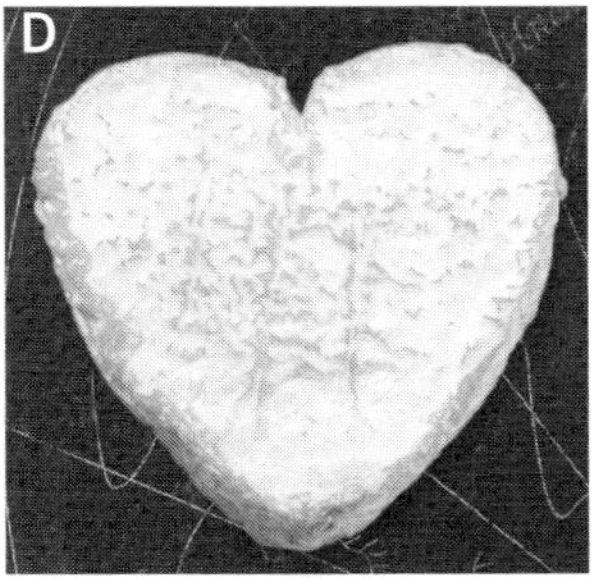

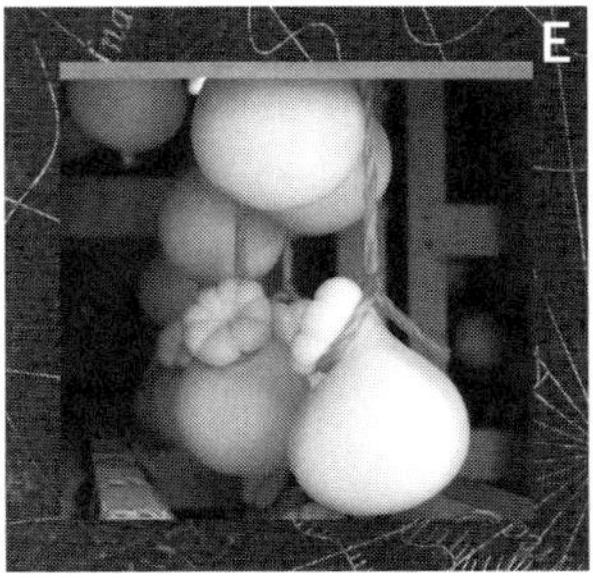

図3－1
珍しい形のチーズ
A:中心に麦わらが1本通っているサント・モール・ドゥ・トゥーレ　B:ピラミッド型のヴァランセ　C:馬蹄の形をしたバラカ　D:ハートの形のヌーシャテル　E:ひょうたん型のカチョカヴァッロ

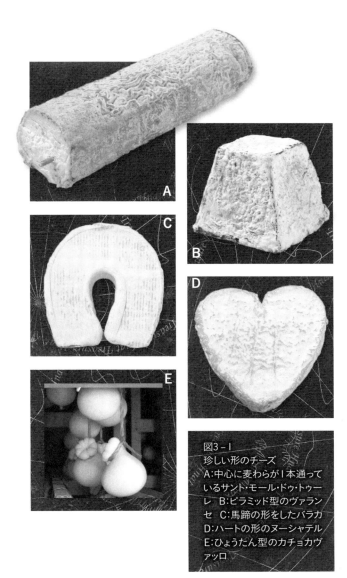

人が多いでしょう。有名なのは雪印乳業から1954（昭和29）年に全国発売された「6P《ロッピー》チーズ」です。この形は、もとはといえばヨーロッパの伝統的な、大型の円盤型ナチュラルチーズに由来しています。大型チーズは中心部から熟成が進むので、食べるときは味が均等になるよう放射状にカットします。6Pチーズの形は、円盤型チーズを放射状に6等分した形をモチーフにしているのです。おいしさを形状で表現したすばらしいデザインになっていると思います。

❻硬さによる違い

かつて日本には、組織の硬さによりソフト（軟質）、セミハード（半硬質）、ハード（硬質）およびウルトラハード（超硬質）とする分類法がありました。しかし、セミハードやハードが正しくは硬さの違いによる分類ではないことは前述したとおりです。チーズの好みは人により硬軟さまざまですから、以下を目安にしてみてください。

水分を多く含む軟らかいチーズがお好きな方には、まずは熟成させていないフレッシュタイプのモッツァレラをお勧めします。熟成タイプなら白カビ系のカマンベールがいいでしょう。

また、硬いチーズがお好きな方には、セミハード系のチェダーあるいはゴーダを、もっと硬いチーズがお好きな方には、ハード系のパルミジャーノ・レッジャーノの24ヵ月～48ヵ月物をお勧めします。

❼風味の強さによる違い

チーズの風味は使用する原料乳と微生物により大きく異なります。一般に、乳酸菌や白カビではおとなしい風味のチーズとなり、青カビではパンチの効いたチーズとなります。

穏やかな風味がお好きな方は、牛乳の乳酸菌熟成のチェダーかゴーダチーズ、あるいは牛乳の白カビ熟成のカマンベールがお勧めです。ピリッとした刺激の強い風味でも大丈夫な方でしたら、青カビ系のブルーチーズを試してみられるといいでしょう。

いずれの熟成タイプでも一般的に、ヤギやヒツジ乳からのチーズは牛乳よりもとくに香りが特徴的で強いので、初めての方にはあまりお勧めできません。

いや、自分は個性的なチーズにトライしたい、という方は、ウォッシュタイプで外皮の強い香りと内部の芳醇かつ濃厚な味わいをもつリヴァロ、マンステール、ポン・レヴェックなどをぜひ試してみてください。

チーズはやはり食べものですので、興味をもつには実際に「食べる」という食経験が何よりも大切です。まずは、以上の7つの観点をご参考に入門的なチーズから始めて、それからいろいろと冒険的なチャレンジを楽しんでいただければ、近いうちに必ず大好きになれるチーズに出会えるはずです。

チーズをどこで買うか

チーズを買える場所にはスーパーマーケット、デパートの地下のチーズ売り場、街のチーズ専門店などがあります。また最近ではインターネットでも手軽に購入できるようになっています。

このうち、これからチーズのことをいろいろ知りたいと思われている初心者の方々にいちばんお勧めなのは、欧米のチーズ専門店のように目の前でさまざまなチーズを薄くカットしてくれて試食ができ、量り売りで必要な量だけ買える店です。しかし、日本ではまだそのレベルまでチーズが一般に浸透していないので、試食をして納得したうえで購入することはなかなか難しいと思います。

ですから、まずは、基本的なチーズのいくつかを購入してトライしてみてください。その中から自分好みのチーズが発見できると、急速に学習意欲も高まり、自然とチーズの情報が頭の中に蓄積されていくと思います。漫画家の弘兼憲史氏は、著書『知識ゼロからのワイン&チーズ入門』で、チーズを買うときに失敗しないためのお店選びのポイントをわかりやすく整理しています。参考になさってください。

①店内が清潔でチーズの種類が豊富
②香りを確かめられる

③中身を見せてくれる
④チーズに触れられる（お店の許可を得てから）
⑤切り売りしてくれる
⑥商品の売れ行き（商品の回転）がよい
⑦チーズにくわしい店員がいる（熟成管理士、マスター・オブ・チーズ、チーズアドバイザー、チーズプロフェッショナルなど）

認証マークも目安に

フランスには、チーズの品質を保証する「ＡＯＣ」という制度があります。「原産地呼称統制」を意味するフランス語「アペラシオン・ドリジーヌ・コントローレ」（Appellation d'Origine Contrôlée）の略称です。これは①原料乳の種類や地域、②製造地域、製造方法、③熟成地域と期間、④形や重量、乳脂肪分などにそれぞれ非常に厳しい規定をもうけ、これらに合格したチーズは「ＡＯＣマーク」を表示できるというものです。フランス国立原産地名称研究所が審査、認可、管理をしていて、現在、ＡＯＣに認定されているチーズは43種類（２０１６年現在）あります。ＡＯＣはフランスワインやバターなどにもうけられています。現在はフランスでは、ＡＯＣより重みのある「ＡＯＰ」という表示のほうが主流になってはいますが、依然としてＡＯＣも使われています。

また、イタリアには「ＤＯＰ」（デノミナツィオーネ・ディ・オリジネ・プロテッタ：Denominazione di Origine Protettaの略）という、ＡＯＣと同様の制度があり、現在、32種類（２０１６年現在）のチーズが認定されています。

１９９２年のＥＵ発足決定にともない、フランスのＡＯＣと同じ内容の「ＰＤＯ」（Protected Designation of Origin＝原産地名称保護）と、「ＰＧＩ」（Protected Geographical Indication＝地理的表示保護）などの３つの品質認証システムが創設されました。しかし、フランスはその後もＡＯＰやＡＯＣのほうも使いつづけているので、少しややこしいことになっています。みなさんは、フランス産チーズのＡＯＣは、ほかの国のＰＤＯなどと同じ意味と覚えていただけば大丈夫です。

これらの認証マークは高い品質であると認められたチーズにのみ与えられるものですから、これらを選択すればまず間違いはありません。ただし、その地域ごとの特徴が強く現れた個性的なチーズが多いので、ある程度、チーズの食経験をされてから選ぶことをお勧めします。

ラベル情報の読み方

カットして包装されたチーズには、ラベルが貼られています。そこには、日本の輸入業者が訳

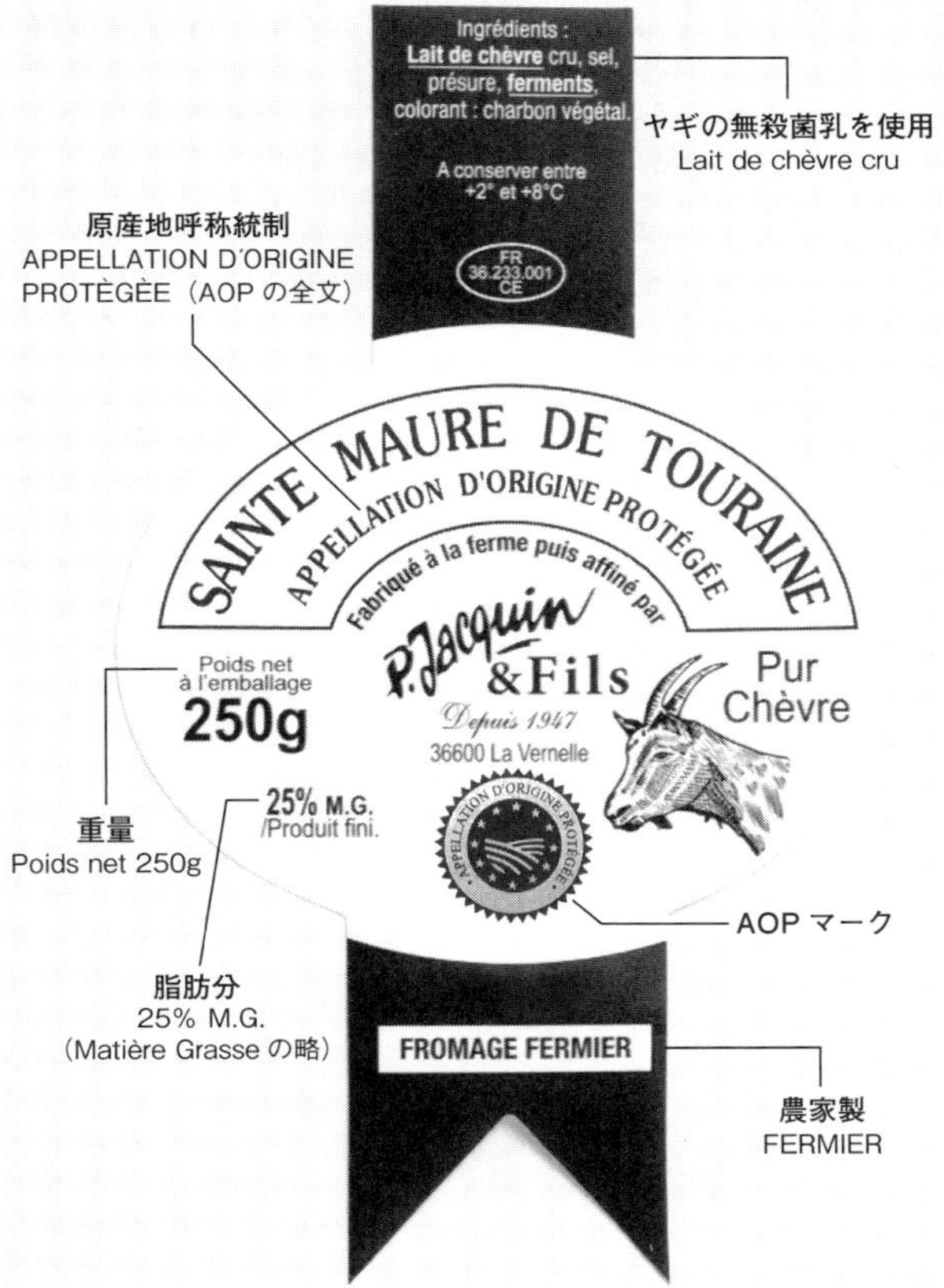

図3－2　チーズのラベルに記載されている情報
図3－1Aのサント・モール・ドゥ・トゥーレーヌのラベル

したそのチーズに関する情報が最小限、記載されています。また、一個を丸ごと売っている場合には、箱などの容器にくわしい情報が印刷されています。これらの情報も、チーズ選びの大きな目安になるでしょう。

ラベルに記載されているのは、重量（g）、脂肪分の割合、無殺菌乳か殺菌乳か、原産地呼称統制の認定マークなどの情報です。図3－2はフランス語で、①農家製であること（fermier＝フェルミエ）、②無殺菌乳であること（au lait cru＝オ・レ・クリュ）が記されています。②は低温殺菌乳であればlait pasteurisé（＝レ・パストゥリゼ）と表示されます。③脂肪分はmatière grasse（＝マティエール・グラス）と表示されています。

少しずつチーズの知識がふえていって、こうした表示を見ながらチーズ選びができるようになれば、さらに楽しさが増すことでしょう。

チーズの保存方法

チーズもナチュラルチーズであれば、乳酸菌と酵素が働いている生きものといえます。すなわち「動的な食品」であり、時々刻々、味と香りが変化していくのです。したがって、購入したあとの保存にも、特別の注意や管理が必要となります。ここでは、科学的に理にかなった「チーズの保存方法」について考えてみます。

❶チーズの保存に適した温度は？

チーズは直射日光や高温には弱い食品です。温度が高すぎれば、乳酸菌が活動して酵素反応も活発になるので、熟成度が上がりすぎ、変質してしまいます。したがって、つねに5～10℃くらいの温度が保てる冷蔵庫の「野菜室」がお勧めです。適度に低温で、直射日光も避けられるので、よい具合に熟成が進んだおいしいチーズがご家庭でも楽しめます。

しかし、ひとつ注意が必要なのは、最近では野菜室で特殊な紫外線などを野菜に当てて、貯蔵中にビタミンをふやすしくみになっている進んだ冷蔵庫もあることです。乳酸菌は紫外線に非常に弱いので、その中に入れては逆に、乳酸菌が死んでしまってチーズが熟成されません。チーズを入れる前に、ご自宅の冷蔵庫についてその点はご確認ください。

❷チーズは乾燥してもよい？

チーズは乾燥すると味や香りが格段に落ちますので、乾燥させない工夫が必要です。一般的には、ラップして密閉容器に入れるのがよいでしょう。

しかし、軟質チーズの場合は、ラップをすることで生じた水分によって、カビが発生するおそれもあります。軟質チーズの乳酸菌熟成型はやや乾燥気味のほうがよく、さらにカビ系なら乾燥は厳禁なのです。保存中のチーズから出た水分はペーパーで吸い取り、表面は清潔な布などで拭いてから、新しいラップをするとよいでしょう。ラップも3、4日ごとに交換するとベストです。

❸ほかの食品と一緒にしてもよい？

チーズの主成分である「カゼイン」は、いろいろな成分を吸着する性質が強いので、冷蔵庫内部でほかの食品の近くにあると、その匂いが移りやすいのです。ですから、強い匂いを発する食品とは決して一緒にしないでください。やはり、密閉容器に入れて独立して保存するのがよいでしょう。

❹チーズを冷凍してもよい？

長期保存したいからと、チーズを冷凍（フリージング）する方も多いようですが、軟質チーズの場合は、冷凍は避けたほうがよいでしょう。水分含量の高い軟質チーズをゆっくり凍結させると、水が結晶の大きな氷になる過程で、タンパク質組織が破壊されてしまうからです。

ただし、硬質や半硬質のセミハードやハードチーズであれば、小分けしての冷凍は可能で、冷凍によりチーズの熟成を遅らせることもできます。それでも、1年、2年と長期間にわたっての冷凍は避けてください。また、解凍のときは冷蔵庫内で自然解凍することが原則です。

❺ちょっと失敗したら

これまで述べたようなベストの状態で保存するのに越したことはありませんが、少々の失敗は気にしないでください。表面にちょっとカビが生えたりしても、それを除けば十分に食べられますし、うっかり硬くなってしまったら、すりおろして料理に使ってしまうことだってできます。このように臨機応変にチーズの利用ができるようになったら、もうあなたはチーズとのつきあい方においては欧米人のレベルに達しているといえるでしょう。

おいしいだけでなく、優れた栄養価と機能性をもつチーズは、科学的にも推奨できる数少ない優れた食品の一つです。ぜひ家庭の野菜庫に、ラップに包んだチーズを常備していただきたいと思います。

ワインとの合わせ方

チーズと最も相性のよい飲みものは何でしょうか？　西欧では「運命の出会い」といえるほどお互いに惹かれ合ったものとして、チーズとワインがあげられます。とくにフランスでは古くから、ワインと相性のよい食べものとの組み合わせを、生まれる前から結ばれる運命にあった最高の恋人になぞらえ、「マリアージュ」（結婚）と呼んできました。そしてずばり、チーズこそはワインの最高の伴侶とされ、両者がマリアージュの関係とされてきた歴史があります。

では、どのチーズをどのワインに合わせる、といった公式のようなものはあるのでしょうか。チーズプロフェッショナル協会では、チーズの販売員などの専門家を養成する学校を主宰しています。その講義に使用されている『チーズプロフェッショナル教本』には、ワインとチーズの相性については、ワインもチーズもつねに変化していくものなので、個々を結びつけてそれに固執するのはナンセンスであり、あくまでも「原則をふまえて自分の感性で選ぶ」のがよいとしています。その前提をふまえたうえで、いくつかの「原則」は示されていますので、ご参考までに掲げておきます（以下は『教本』の要旨抜粋に著者が若干の補足をしたもの）。

〈酸味の原則〉

酸味の強い若いシェーブルなどには、フレッシュな酸味のあるワイン。マイルドな酸味のチーズには、コクのある酸味のワイン。

〈塩味の原則〉

塩味の強いブルーチーズには甘口の白ワイン（貴腐ワイン）やポートワイン。この組み合わせは定番化されている。たとえばロックフォールとソーテルヌ、スティルトンとポート、ゴルゴンゾーラとイタリアの甘口のレチョート・ディ・ソアーヴェならほとんどの人が満足する。

〈脂肪分の原則〉

脂肪分が60％以上の濃厚なチーズには、タンニン（種々のポリフェノール類）のしっかりした渋みの深い赤ワイン、もしくはマロラクティック発酵をさせたコクのある白ワイン。タンニンは口中の脂肪分をすっきりさせ、白ワインのマイルドな酸味はチーズの味わいにふくよかな印象を与える（マロラクティック発酵とは、ブドウに含まれるリンゴ酸を乳酸菌の働きで柔らかな味わいの乳酸に分解させる反応。これにより、アセトアルデヒドやジアセチルも産生されるので、乳やヨーグルトの香りも感じられるようになる）。

〈香りの原則〉

ワインと同系統の香りを合わせる。香りの強いチーズには、個性的な風味のしっかりしたワインを。ナッツの風味のあるチーズには、樽の香ばしさのあるワインを。スパイシーなチーズには、スパイシーなワインを。ハーブを効かせたチーズには、ベジタブルな香りのワインを。

〈産地の原則〉

フランスの定説では、料理の場合と同様、チーズとワインも同じ産地、あるいは産地が近いものの相性がよいとされている。

以上はあくまでも原則であるということを頭に留めながら、いろいろと実際に試していただき、自分だけの「マリアージュ」を探してみてください。

しかし、なかには初めから相性のきわめてよいワインが特定されていて、このワインなら自動的にあのチーズ、というベストマッチング例もあるようです。

フランス産ウォッシュタイプのラミ・デュ・シャンベルタン（牛乳）は、赤ワインの銘品シャンベルタン（フルボディ）と一緒に味わうためにつくられています。両者ともフランスのシャンベルタン村で製造されていて、〈産地の原則〉に則っています。

また、フランス産ウォッシュタイプのアフィネ・オ・シャブリ（牛乳）は、白ワインの銘品シャブリとともに味わうためにつくられたものです。

現在は変化してきていますが、かつてはチーズには赤ワインを合わせるのが常識でした。なぜでしょう？　フランスやイタリアのフルコース料理では、メインディッシュのあとはチーズを食べるのが基本です。メインディッシュは肉料理が一般的なので、それに合わせたワインの残りとチーズを食べることになり、自然と赤ワインとの組み合わせが多くなったのだと思われます。

「運命の相手」はほかにもいる？

ところで、チーズと最も相性のよいお酒は、本当にワインなのでしょうか？

世界で最も日常的に多く飲まれている飲料は、じつはビールです。古くからワインを食卓の酒として決めているのはフランス、イタリア、ポルトガル、ギリシャなどですが、これらの国はむしろ例外なのかもしれません。それほど、ほかの国ではワインよりずっと多くビールが飲まれているのです。日本も例外ではありません。

ここでも〈産地の原則〉を考えると、アメリカやドイツなどのビール大国では、チーズのマリアージュはビールであってもまったくおかしくはありません。

ただし、ビールにはワインほど相性における厳密さはないと思われます。少なくともいえるのは、淡色のビールにはマイルドなチーズやスパイシーなチーズがよく合い、濃色のビールには脂肪分の高いコクのあるチーズがお勧め、ということくらいです。

では、そのほかのお酒はどうでしょう。ウイスキーや焼酎、そしてブランデー、ウォッカ、ジンなど、アルコール度数の高い蒸留酒には、熟成度の高いチーズのほうが相性がよいと考えられています。

日本酒はワインやビールと同じ醸造酒ですが、これまではチーズとの相性など、ほとんど考えられてきませんでした。しかし、甘口から辛口まで種類が多く、フルーティーな味わいのものもあるので、ワインと同じようなマリアージュは十分に考えられます。実際に、いまでは「日本酒と合うチーズ」といったふれこみのおつまみも、居酒屋などでよく目にするようになりました。

2015年にミラノで開催された「ミラノ国際博覧会」では、多くの日本酒とチーズとのマリアージュが提案され、地元のイタリアの人たちにも大好評だったようです。

II

チーズづくりの科学

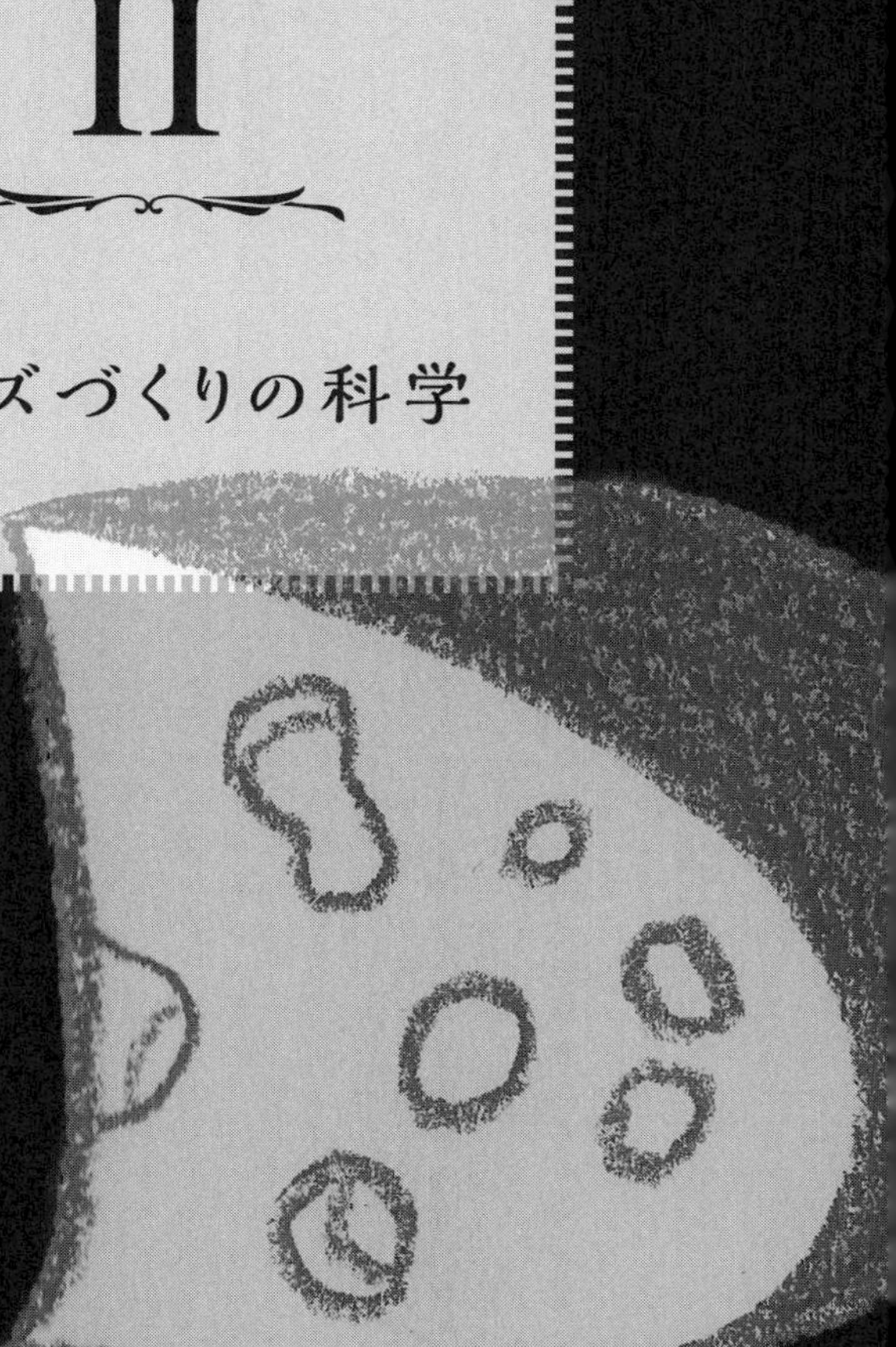

チーズの原料は、表示上は「乳」と「塩」だけです。これに乳酸菌と、乳を固める凝乳酵素を加えるだけなのに、世界には約１０００種類ものチーズがあるといわれています。まるで魔法のようです。

どうしてこれほどのバリエーションが出てくるのでしょうか。原料に大きな違いがないなら、あとはつくり方の違いということになります。この第Ⅱ部では、そのことを考えながら、チーズの原料となるミルクの特徴から、乳酸菌の秘密、製造過程でのさまざまな工夫を見ていきます。いよいよ本格的な「チーズの科学」のはじまりです。

早わかり》「チーズのつくり方」

各論に入る前に、まずは、基本的なチーズの製造工程を押さえておきましょう。

これまでみてきたようにチーズにはさまざまな分類法がありますが、最も大きく2つに分けるとすれば、「ナチュラルチーズ」と「プロセスチーズ」でしょう。

乳酸菌の増殖と、凝乳酵素という2つの働きで乳を固め、その後、「熟成」という期間を経たチーズがナチュラルチーズです。そのつくり方の概要を、図Aに示しました（ただし、ナチュラルチーズの中でもフレッシュチーズだけは、熟成はさせません）。

一方、保存性に重点を置き、あえて菌や酵素の働きを加熱によって失わせたものが、プロセス

図A　ナチュラルチーズのつくり方

図B　プロセスチーズのつくり方

チーズです。日本人にはとくになじみ深いこのチーズのつくり方は、図Bに示しました。一般的にチーズについての本はナチュラルチーズの話ばかりになるのが自然のなりゆきですが、本書ではプロセスチーズについても第Ⅲ部の中で、科学の目から考察を加えています。

2つのイラストをご覧いただければ、それぞれのチーズのつくり方の違いが、大ざっぱにでもイメージできるようになるのではないかと思います。

では、この第Ⅱ部では、ナチュラルチーズができあがるまでの数々のドラマを、じっくりと味わっていただきましょう。ときどきは図Aを見返して、いまどの工程にいるのかを確認しながら読んでいただくとよいかもしれません。

第4章 ミルク成分の科学

チーズの原料となる乳は、チーズミルクとも呼ばれます。フレッシュチーズの新鮮なおいしさも、熟成型チーズが時間とともに組織が柔らかくなったり、旨みが増していったりする不思議さも、それを深く知るためには、チーズミルクがどのような成分からできているのかを理解することが大切です。この章では、チーズミルクの成分について、しっかりと説明していきます。

チーズは熟成していくと苦くなる

牛乳には、タンパク質が約３・２％含まれています。タンパク質は、みなさんも高校の生物や化学の授業で習われたと思いますが、20種類のアミノ酸の組み合わせによりできています。自然界には約５００種類ものアミノ酸の存在が知られていますが、その中のたった20種類だけで、無限ともいえる複雑な組み合わせがつくられます。アミノ酸のつながる順序が少し異なると、タンパク質の立体的な構造が変化して、いろいろと機能が違ってくるのです。

ここからは少し化学の話になりますが、アミノ酸は炭素（C）を中心に、水素（H）、窒素（N）、酸素（O）で構成されています。アミノ酸の構造の特徴は、同じアミノ酸分子の中にカルボキシル基（$-COOH$）とアミノ基（$-NH_2$）という官能基《かんのうき》をもつことです。官能基とは、いくつかの原子の塊のことで、塊《かたま》り方によってその化合物の反応のしかたなどの性質が決まってきます。カルボキシル基は水素イオン（H^+）を出す官能基で、アミノ基は水素イオンを受け取る官能基です。

アミノ酸のうち、アミノ基とカルボキシル基が同じ炭素に結合しているものを「α－アミノ酸」と呼びます。タンパク質を構成している20種類のアミノ酸は、すべてこのα－アミノ酸です。

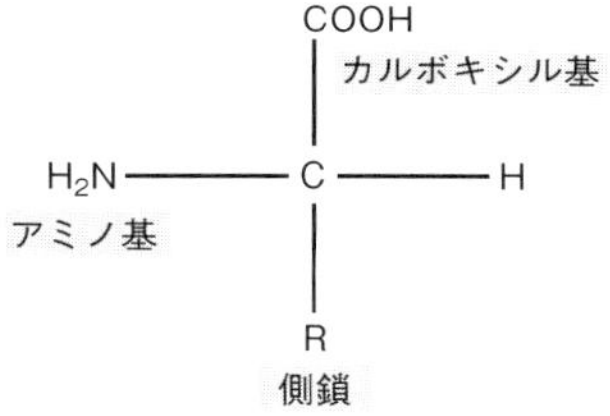

図4－1　アミノ酸の基本的な構造

アミノ酸の基本的な構造を図4－1に示しました。炭素（C）には4本の「手」があるのですが、これにカルボキシル基（$-COOH$）とアミノ基（NH_2）、そして水素（H）がつながっています。これが、すべてのアミノ酸に共通する形なのです。そしてもうひとつ、「R」と書かれたものがつながっていますね。このRの部分は、アミノ酸によってさまざまな形をとります。アミノ酸の性質とは、Rの違いによって生まれるのです。このRのことを「側鎖《そくさ》」といいます。

タンパク質を構成する20種類のアミノ酸にはどのようなものがあり、それぞれどのような形をしているかをまとめたのが表4-1です。どのアミノ酸にも共通する構造があり、側鎖の部分だけがそれぞれ違っていることがわかると思います。ここがアミノ酸の個性を決めるのです。そして個性の中には、アミノ酸の「味」も含まれます（なお、アミノ酸には人体ではつくりだせず、食物に頼るしかないものがあり、これらを必須アミノ酸と呼んでいます）。

最も単純なアミノ酸は、グリシンです。このアミノ酸には甘みがあるため、最初は「糖質」を意味する「グリココール」の名で呼ばれ、のちにグリシンと命名されました。グリシンは、中心の炭素（C）の4本の手に、水素原子（H）を2個もっていることに特徴があります。グリシン以外のすべてのアミノ酸は、炭素原子が4本の手にもつ原子や分子がすべて異なっているのです。このような炭素は、「不斉《ふせい》炭素」といいます。

ところが、構造は同じでも、原子や官能基の配置の違いによって、アミノ酸は2通りに分けられます。炭素の4つの手に、カルボキシル基、アミノ基、側鎖、水素が右回りに結合している「D体」と、反対に左回りで結合している「L体」です。これらを「光学異性体」といい、お互いに相手を鏡に映した姿と重なり合います（図4-2）。

チーズの主要なタンパク質をカゼインといいます。カゼインはすべて、L体のアミノ酸（L-

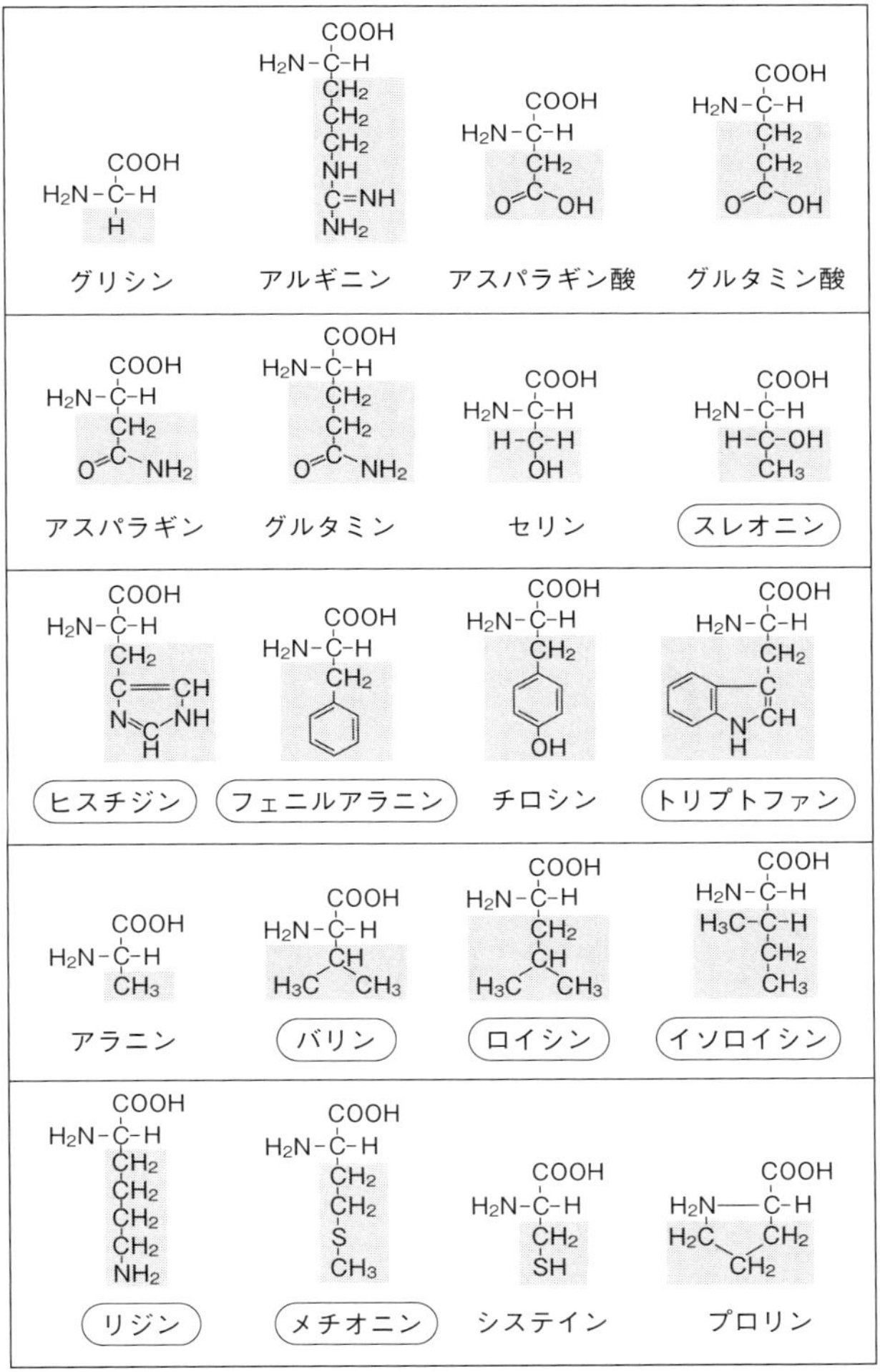

表4－1　タンパク質を構成するアミノ酸の種類と構造
グレーの部分がそれぞれの側鎖、名称に囲みがあるものは必須アミノ酸

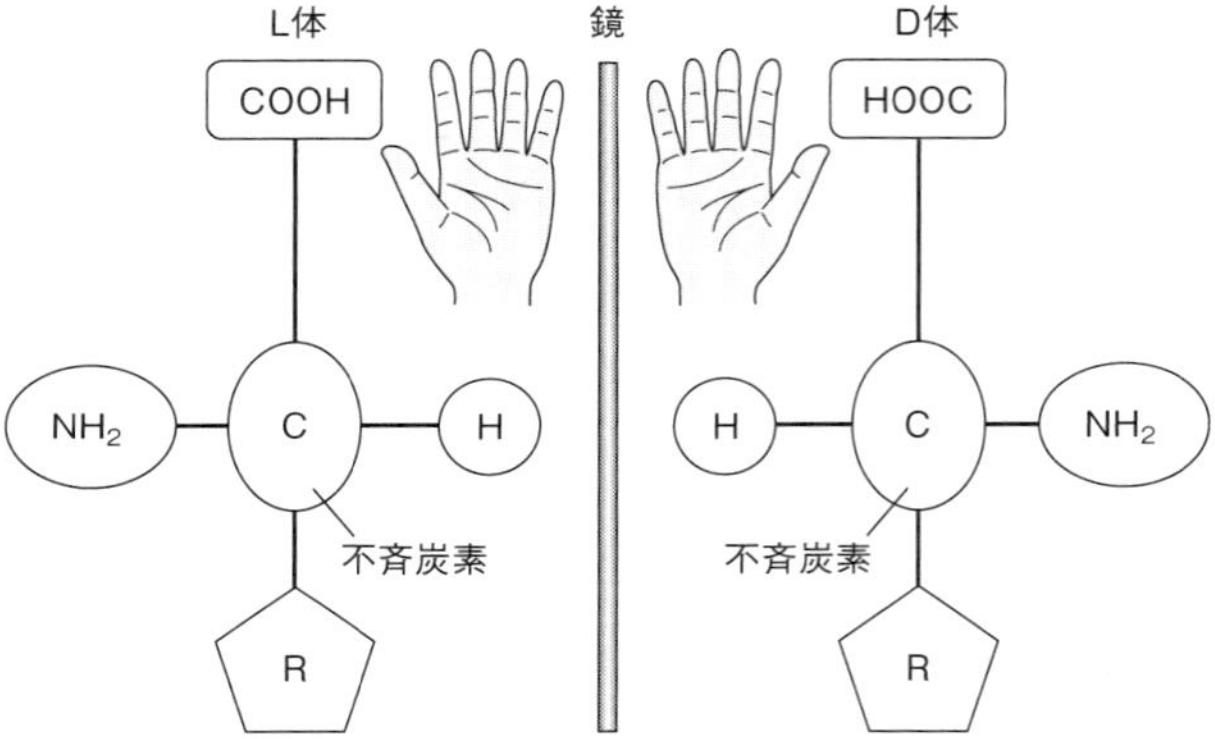

図4－2　アミノ酸のD体とL体（光学異性体）

アミノ酸）からなります。このアミノ酸は、分解されて単体になったり、結合してペプチドになったりすると、苦くなることが多いのです。したがって、チーズの熟成が進むにつれてカゼインが分解（これを加水分解といいます）されると、穏やかな苦みを生じます。つまり、チーズは熟成すると、基本的には苦くなるのです。

しかし、もちろん食べものとしては、過剰な苦みは欠点ともなります。そこで、熟成中に苦みをいかに少なくしていくかが、チーズづくりにおいては重要になってくるのです。

カゼインとはなにか

ここで、チーズの科学を語るうえで最も重要な役者であるカゼインについて、きちんと紹介しておきましょう。

生乳はほぼ中性です。pHでいえば6・5～6・7程度です。ここから脂肪を抜いて酸を加えてpH4・6に合わせ、25℃程度に温度を保持すると、乳は固まってきます。このときの固まった部分を「カゼイン」(casein：英語ではケーシンと読みます)と呼び、固まらなかった部分を「ホエイ」(乳清)と呼んでいます。イメージとしては、ヨーグルトの固まっている部分がカゼイン、固まっていない液体の部分がホエイだと思ってください。カゼインは乳タンパク質の約80%を占めていて、残りの20%がホエイ中のホエイタンパク質となります。

以下は、少し難しいカゼインのプロフィールです。カゼインとはその分子中のセリンというアミノ酸がリン酸化された「リン酸化タンパク質」であり、遺伝的変異体を含めると約30種類の成分からなっています。分子量は約2万で、あまり大きくはありません。

乳の中ではカゼインは、「カゼインミセル」という小さな粒子を形成して、浮遊しています。乳1ml当たりには、じつに10^{11}個ものカゼインミセルが含まれているとされますから、これはもう天文学的な数ですね。カゼインミセルはまた、乳が白く見えるおもな原因として知られています。乳に入った光が、この小さな粒子によりいろいろな方向に反射されること(乱反射)により、白く見えるのです。

繰り返しますが、このカゼインがチーズを構成する主要なタンパク質です。そして、カゼインの独特な性質が、食品としてのチーズの機能やおいしさに、きわめて重要な特性を与えているのです。以下に、それを見ていきましょう。

カゼインが生むチーズの特性 ①比類のない加熱安定性

カゼインの独特な性質は、プロリンというアミノ酸によってもたらされます。カゼイン分子には、非常に多くのプロリンが、均一に分散して存在しています。一般に、プロリンが存在するところでは、タンパク質はその性質を決定する立体構造（α－ヘリックス構造やβ－シート構造など＝図４－３）をつくりません。その結果として、カゼインはしっかりとした高次構造をとらず、フレキシビリティーに富む自由な分子状態をとります。これを「アットランダム構造」と呼びます。

この構造のために、カゼインはペプシンなどの消化酵素により容易に加水分解される「易消化性」のタンパク質となっています。したがって、生まれたばかりのウシの消化管でも迅速に消化されて、すみやかに体をつくるアミノ酸として供給されるのです。まさに乳児食として合理的な構造です。

１㎖の牛乳の中になぜ10^{11}個ものカゼインミセルが存在しているのか、真の理由は正確にはわかっていません。しかし、ウシは子どものときは非常に弱い動物ですから、おそらくは、なるべく短時間に多量のタンパク質を摂れるような形が、進化の過程でできあがったのだろうと私は考えています。

しかし、カゼインのこのアットランダム構造には思わぬ「副産物」がありました。加熱にとくに強いタンパク質になったのです。じつは、カゼインには110℃で10分ほど加熱しても壊れないという高い耐熱性があります。通常の食肉や卵などのタンパク質は、フライパンの上で加熱すればたちまち熱変性して組織は萎縮し、硬化しますが、カゼインはビクともしないのです。

さすがにこの特性は、乳腺上皮細胞でカゼインを生合成した母牛も、まったく意図していなかったことでしょう。生まれてくる子牛のために消化しやすさをめざして設計され、生合成されたカゼインは、結果的には、加熱という調理技術を獲得した人間にとって、熱に強いタンパク質というきわめて有用な食品素材を提供したことになりました。

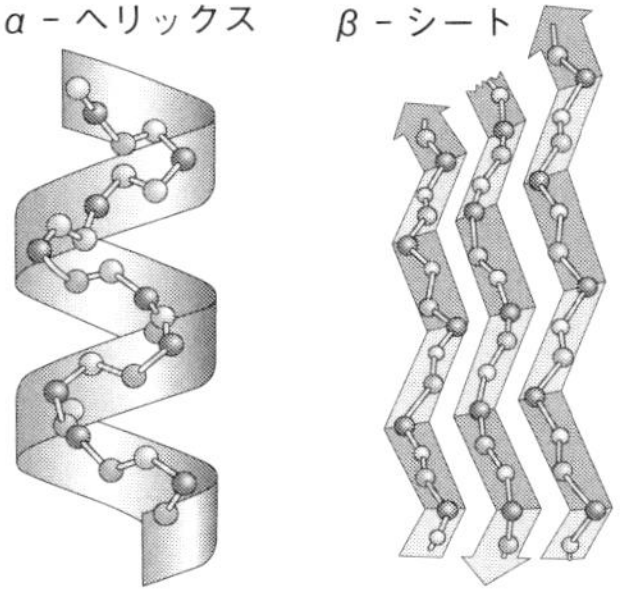

図4－3　タンパク質の立体構造
プロリンが分子全体に多数存在すると、このような構造ができなくなる

カゼインが生むチーズの特性 ②カゼインミセルの形態の秘密

カゼイン分子の中には、水に溶けやすい「親水性領域」と、水に溶けにくい「疎水性領域」とがあり、はっきり分かれて存在しています。

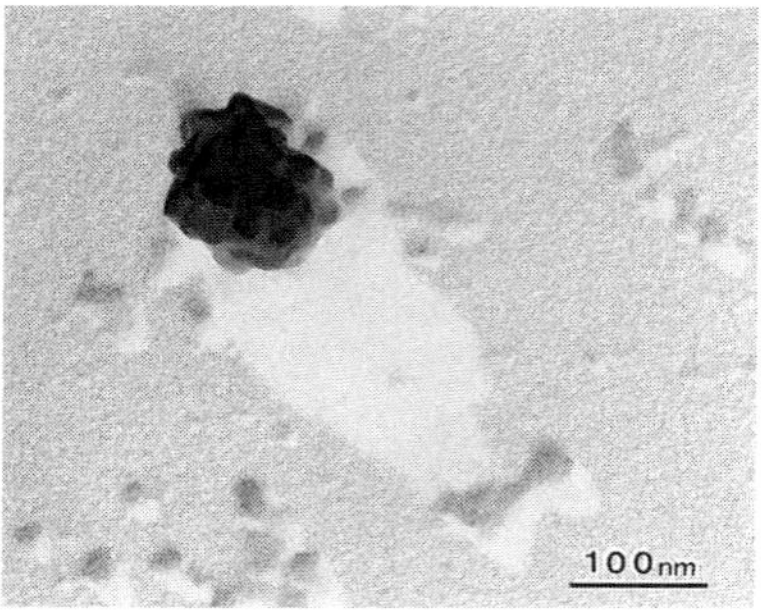

図4－4　カゼインミセル

　このような性質は「両親媒性」と呼ばれ、自然界では非常に珍しいものです。この両親媒性があるために、疎水性領域でカゼイン成分どうしが結合しあい、親水性領域を外に出して存在する小さな粒子をつくります。これを「カゼインサブミセル」といいます。カゼインサブミセルが100個ほど集まると、大きな球状のカゼインミセルが形成されます。図4－4はカゼインミセルの電子顕微鏡写真で、小さなサブミセルも観察できます。

　カゼインミセルは、疎水性の高いサブミセルが中心部を占め、親水性のサブミセルが外側にある形で乳中に存在しています。じつはこの形は、熱力学的に最も安定した存在形態なのです。そしてチーズづくりにおいても、この形態が大切なポイントとなってくるのですが、これについてはのちほどあらためて述べることにします。

カゼインが生むチーズの特性　③豊富な分岐鎖アミノ酸

　カゼインには筋肉をつくる際に必要なロイシンなどの「分岐鎖アミノ酸」がたくさん含まれて

いることも特徴です。分岐鎖アミノ酸（Branched-Chain Amino Acid）とは、側鎖のどこかで炭素原子が複数の別の炭素原子に枝分かれしているアミノ酸のことで、表4－1をご覧いただくとロイシンの側鎖がそうなっていることがおわかりいただけると思います。分岐アミノ酸は「BCAA」という略称でも呼ばれ、筋肉組織でのタンパク質の合成や分解を調節する働きや、肝臓での代謝調節シグナルとしての機能があることから、近年、注目されているアミノ酸です。トレーニングをする際に「筋肉の分解を防ぐためにBCAAを飲んでいる」という人がふえています。

ロイシンは最初、チーズから白い物質として単離されました。その名前はギリシャ語の「白い」を意味する言葉に由来しているそうです。その後、筋肉や羊毛のタンパク質分解によっても単離されました。

最近の研究では、ロイシンが筋肉細胞に取り込まれると「mTOR」という遺伝子系にスイッチが入り、筋肉がつくられることがわかってきています。同様のしくみは、ロイシンと同じ分岐鎖アミノ酸であるイソロイシンやバリンにも認められます。これらもカゼインのタンパク質には多く含まれていて、その含有率は自然界のタンパク質の中で最も高い比率となっています。

カゼインが生むチーズの特性　④カルシウムの貯蔵庫

また、カゼインの分子中には、カルシウムイオン（Ca^{2+}）がたくさん結合しています。カルシウ

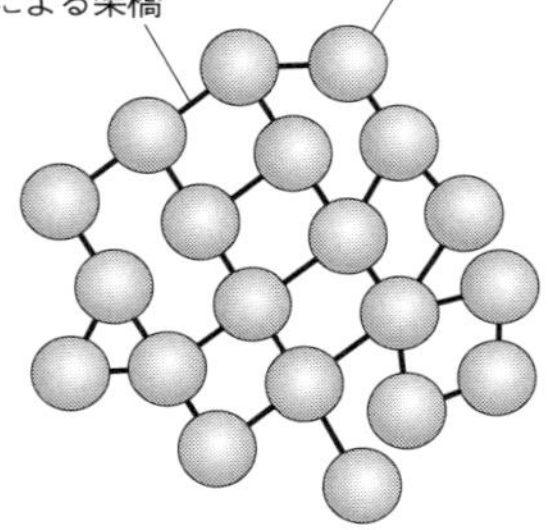

図4-5　リン酸カルシウムによる「架橋」のイメージ

ムイオンは、カゼイン分子中のリン酸化セリンに結合しています。カゼインはα_{s1}-カゼイン、β-カゼイン、κ-カゼインなどから構成されていて、それぞれがリン酸基をもっています。カルシウムイオンはそのどこかに結合するのですが、このとき「リン酸カルシウム」ができます。

　これらの成分からできたカゼインサブミセルは、それらどうしが結合する際に、このリン酸カルシウムによって、橋を架けるようにつながれていると考えられているのです（図4-5）。このような結合を、文字どおり「架橋《かきょう》」といいます。

　したがって、カゼインサブミセルが1000個も結合すると、内部には多量のリン酸カルシウムが保持されることになるので、カルシウムの宝庫となるのです。

　これも母牛が乳児のために、とくに骨の形成に必要なカルシウムイオンを吸収しやすくするしくみの一つなのです。

チーズづくりで「ホエイ」は脇役なのか?

チーズづくりを考えるとき、やはり成分の主役となるのはカゼインです。しかし、乳のタンパク質全体の約20％を占めるホエイ（乳清）のタンパク質にも、じつは侮れない働きがあります。

熟成型チーズをつくるとき、乳を固める凝乳酵素を加えるとカゼインは固まりますが、ホエイは固まりません。このホエイに含まれているタンパク質が「ホエイタンパク質」です。この章の前に掲げた図A「ナチュラルチーズのつくり方」の④にもあるように、ホエイはほとんどの国で、製造工程の途中で捨てられてしまうのですが、じつは高度利用が求められている成分です。

ホエイタンパク質には、主要な成分としてβ-ラクトグロブリン、α-ラクトアルブミン、ラクトフェリン、免疫グロブリン、血清アルブミンなどが含まれています。とくに、前2者には、前述したロイシン、イソロイシン、バリンの3つの分岐鎖アミノ酸が多く含まれていて、じつはカゼインよりも含有量は少し多いのです。これらはいずれも筋肉を増やす効果が高い成分ですので、筋肉増強という目的で考えれば、ホエイは脇役ではないかもしれません。実際、市販の筋肉増強用のプロテインには、ホエイを使っているものがたくさんあります。

チーズもこれから、健康志向の広がりとともにこうした機能性を重視する傾向が強まれば、ホエイにさらにスポットライトが当たることになるかもしれません。

乳脂肪にも大きな特徴がある

カゼインやホエイなどのタンパク質の次は、乳に含まれている脂肪、すなわち乳脂肪を見ていきましょう。じつは乳脂肪も、じつに特徴的な脂肪なのです。

牛乳の中には約3・9％の脂肪が含まれています。その98％以上は「トリアシルグリセロール」と呼ばれる脂肪です。乳脂肪の骨格をなすグリセロールという脂質は3ヵ所に水酸基（前述の官能基の一種です）をもっているのですが、トリアシルグリセロールはそのすべてに脂肪酸が結合（エステル結合という形式）しています（「トリ」は「3」という意味）。つまり、3ヵ所の水酸基がすべて埋まっているわけで、結合が2ヵ所ならジアシルグリセロール、1ヵ所ならモノアシルグリセロールと呼ばれます。動物性の脂肪の9割近くは酸でも塩基でもない中性脂肪ですが、そのほとんどはトリアシルグリセロールです。

乳脂肪はさまざまな脂肪酸から構成されていますが、ウシの餌である牧草にたくさん含まれているリノール酸やリノレン酸などの不飽和脂肪酸は、ウシの胃内で微生物の働きによって飽和脂肪酸に変化し、激減します。すると、乳脂肪の融点は40℃以上にまで高くなるため、乳脂肪からつくるバターは室温では固体となります。

このように乳脂肪のほとんどが中性脂肪や飽和脂肪酸であると聞くと、人間にとっては肥満や高コレステロールなどの健康問題につながるのではないかと危惧される方も多いかと思います。しかし、乳脂肪を構成する主要な脂肪酸には、Q&AのQ7でも述べたように、揮発性脂肪酸（VFA）が多く含まれています。揮発性脂肪酸はC（炭素）のつながりが6個以下と短く、その名のとおり、揮発しやすい脂肪酸です。そのため、一般的な脂肪酸である「長鎖脂肪酸」（Cが12個から14個以上）と比べると、体内でエネルギーになりやすく、蓄積されにくいのです。揮発性脂肪酸には酢酸、プロピオン酸、酪酸などがありますが、乳脂肪に多くふくまれているのは酪酸です。乳脂肪は食べすぎさえしなければ、非常に消化・吸収に優れ、肥満の原因にはなりにくいと考えられます。

じつはこの脂肪酸はとても特殊で、ウシなどの反芻《はんすう》獣のほかには、肉や魚などの動物性脂肪にも、植物性脂肪にも含まれていないのです。これは乳脂肪の非常に大きな特徴だと思います。

そしてチーズづくりでは、この揮発性脂肪酸がとても大切な風味成分ともなっています。この脂肪酸があるおかげでチーズは、熟成にともなって特徴的な味と香りを獲得することができるのです。

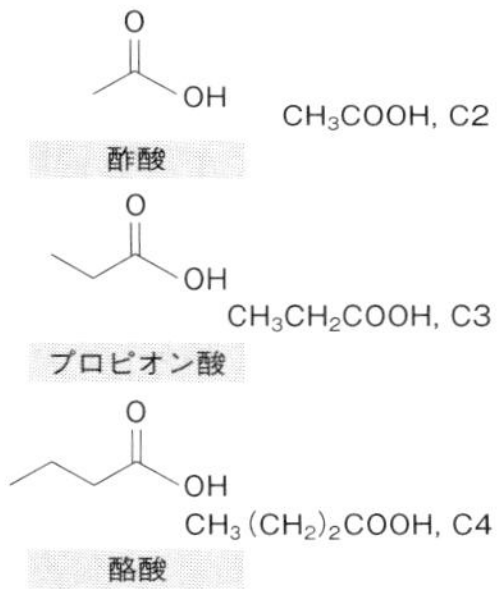

図4－6　揮発脂肪酸（VFA）は体内に蓄積されにくい

細胞膜をつくるなど、私たちの身体にとって重要なリン脂質は、乳脂肪の全脂質に約1％含まれています。これらの大半は、乳脂肪球の表面を覆っている「乳脂肪球皮膜タンパク質」（MFGM）に結合して存在しています。したがってチーズの脂肪を摂ることで、リン脂質もしっかりと摂取することができるのです。

乳脂肪の科学的な研究は、ほかの成分と比べると進展が遅く、まだわからない点がたくさんあります。たとえば、トリアシルグリセロールが結合している3ヵ所の水酸基では、結合する脂肪酸に大きな偏りがあることが知られています。乳脂肪で最も存在量の多いパルミチン酸が、牛乳では3ヵ所のうち2ヵ所だけに結合していて、残りの1ヵ所には結合しないのです。それはなぜなのかがわかっていません。また、人間の乳では、パルミチン酸が1ヵ所だけに約60％も偏って結合しています。ウシとヒトでどうしてこのような違いが起こり、それがどのような生物学的な意味をもつのかも、まだよくわかっていないのです。

「ほんのわずか」な乳糖が不可欠

牛乳の固形分でいちばん多い成分は何でしょうか？　それは乳糖です。乳糖はラクトースとも呼ばれ、グルコース（ブドウ糖）にガラクトースが結合したものです。糖とはいえ、その甘さは砂糖（ショ糖、スクロース）の約16％と、あまり甘くないのが特徴です。これは、甘すぎるとかえって、子牛がたくさん乳を飲めなくなるからではないかと考えられています。私たちも甘いお汁粉はそれほどたくさんは食べられませんよね。

そして乳糖は、チーズの熟成において、じつはなくてはならない重要な成分なのです。

チーズづくりでは、凝乳後に細切したカードからホエイを排除します。乳糖はおもにホエイの中に存在していますので、このときチーズ中の乳糖も90～95％が除かれてしまいます（つまりチーズはほとんど乳糖を含まないので、乳を飲むと不調を訴える「乳糖不耐症」の人にもお勧めです）。

しかし、すべての乳糖を抜いてしまっては、チーズはつくれません。じつはチーズの熟成に不可欠である乳酸菌は、長い熟成期間を、チーズ中にわずかに残された乳糖を唯一の栄養源として生きながらえるのです。

反面、カードからのホエイの排除が十分ではなく、チーズ中に乳糖が残りすぎると、雑菌がふえて異常発酵（異常酸味やガスで膨らんでしまうなど）の原因となります。チーズ組織からのホエイの排除の加減は「カード水分値」として示されますが、じつは非常に難しい見極めが必要な作業なのです。

乳のミネラルが宿す特徴

牛乳には約0・7％のミネラルが含まれています。このうちカルシウムについてはさきほど、カゼインサブミセルはリン酸カルシウムの架橋によってつながれているという話をしました。

もう少しくわしく述べると、カルシウムは牛乳1㎖当たりに約1㎎含まれています。乳中のカルシウムの約60％はカゼインサブミセルに組み込まれ、30％はリン酸塩やクエン酸塩として存在し、残りの10％は遊離の状態で存在しています。ほとんどがリン酸と結合しているために、リンとカルシウムの存在比率は、約1：1となります。このようにリンとカルシウムの存在比率がほぼ同じである食品は、じつは自然界でもきわめて珍しく、乳の大きな特徴の一つなのです。これも、乳が母から子に与えられる食品として分子設計されている説明の一つになっています。

そのほか、ナトリウムの含量が低いかわり、カリウムはナトリウムの3倍もあることも牛乳ミネラルの特徴の一つです。

また、哺乳動物の生体における酵素反応などにおいて、まったく必要性のない元素であるアルミニウムが含まれていないことも特徴といえるでしょう。その理由は不明ですが、アルツハイマー病患者の脳には高濃度のアルミニウムが蓄積していたという報告もあるようですので、不要なミネラルが入っていないことも重要な性質と思われます。

チーズづくりに最適のミルクとは？

チーズは水分を除くと、ほぼ同量のタンパク質と脂肪からなる食品です。タンパク質のほとんどはカゼインですが、原料となる乳中のカゼイン含量はウシの種類によって異なります。原料乳としてはカゼイン含量の高い乳質が、やはり収量も多くなるので好まれます。高カゼイン含量の乳を出す乳牛としては、ジャージー、エアシャー、ブラウンスイスなどが有名です。

日本国内ではいま約１４０万頭のホルスタイン種（一般的な乳牛です）が飼われていますが（２０１４年調べ）、ジャージー牛は、わずか1万頭しかいません。そのほとんどは、観光用に飼われています。日本では貴重なウシに感じられますが、私が訪れた米国カリフォルニア州のある農家には、１戸だけで約３０００頭ものジャージー牛がいました。この農家は近くにあるヒルマー社というチーズ会社の依託を受けて、ジャージー牛のみを専門に飼っているのですが、想像したとおり、おいしいチーズが製造・販売されていました。

もっとも、世界でも数としては、ホルスタイン乳からつくられるチーズがいちばん多いのです。今後、日本でもチーズ製造がますます盛んになれば、高カゼイン含量、高タンパク含量の乳を出す乳牛がふえていくことは期待できます。

「超高温瞬間殺菌」はなぜダメなのか？

チーズミルクは、ウシの飼養や搾乳の技術が向上したことにより、年々、微生物の少ない良質なものが増えてきています。そのため、加熱殺菌をせずに使用する場合もあります。たとえばフランスやイタリアでは、全チーズのおよそ4分の1が無殺菌乳でつくられているようです。フランスのＡＯＣに認証されたチーズの中には、無殺菌乳の使用を厳しく規定しているものもあります。

しかし、世界中で生産されている市販チーズの原料乳の大部分は、加熱殺菌していると考えてよいでしょう。日本では国産のすべてのチーズで原料乳の加熱殺菌が義務づけられています。アメリカでは60日間以上熟成させるチーズであればという条件つきで無殺菌乳が許可されています。このように国によってルールはさまざまですが、加熱したほうが異常発酵は少なく、流通や保存中にリステリア菌や黄色ブドウ球菌などが増加して食中毒を起こす危険性も排除できます。

チーズミルクの加熱殺菌は、必ず低温でおこなう必要があります。一般的には、63℃で30分間、保持殺菌（一定温度に一定時間おく殺菌法）する「ＬＴＬＴ法」や、72℃で15秒以上、高温短時間殺菌する「ＨＴＳＴ法」が用いられます。山の上でチーズをつくるときや小さなチーズ工房では、ＬＴＬＴ法が採用され、近代的な工場でつくられる場合には、大量の乳を短い時間で殺菌する効率的なＨＴＳＴ法が広く用いられています。

しかし、私たちがふだん飲んでいる一般的な牛乳の殺菌方法としては、１３０℃以上の超高温で瞬間的に殺菌する「ＵＨＴ法」（超高温瞬間殺菌法）が世界中で使用されているのです。なぜチーズミルクの殺菌では、これを使用しないのでしょうか？　この方法なら、リステリア菌も酪酸菌も芽胞菌も、全滅させることが可能なはずです。

その理由は、超高温で殺菌した乳では、凝乳酵素を入れても乳がまったく固まらなくなったり、固まるまでとても時間がかかったりする（凝固遅延）などの現象が起こるからです。チーズづくりにおいてこれは、致命的になる場合があります。乳が固まらない間に多くの細菌が空中から落下してきてチーズミルクの微生物汚染が進み、異常発酵を引き起こすことが多いからです。

では、なぜ超高温による殺菌ではチーズが固まらなくなるのでしょうか？　それは、複数の乳タンパク質が変性することに原因があります。

牛乳中のホエイタンパク質の主成分であるα－ラクトアルブミンや、β－ラクトグロブリンの分子には、システインというアミノ酸が多く含まれています。システインはヒトの成人では体内でもつくることができる非必須アミノ酸ですが、新生児の場合には必須アミノ酸として重要です。じつはホエイタンパク質には、ほかのタンパク質よりもこのシステインが多く含まれているのです。

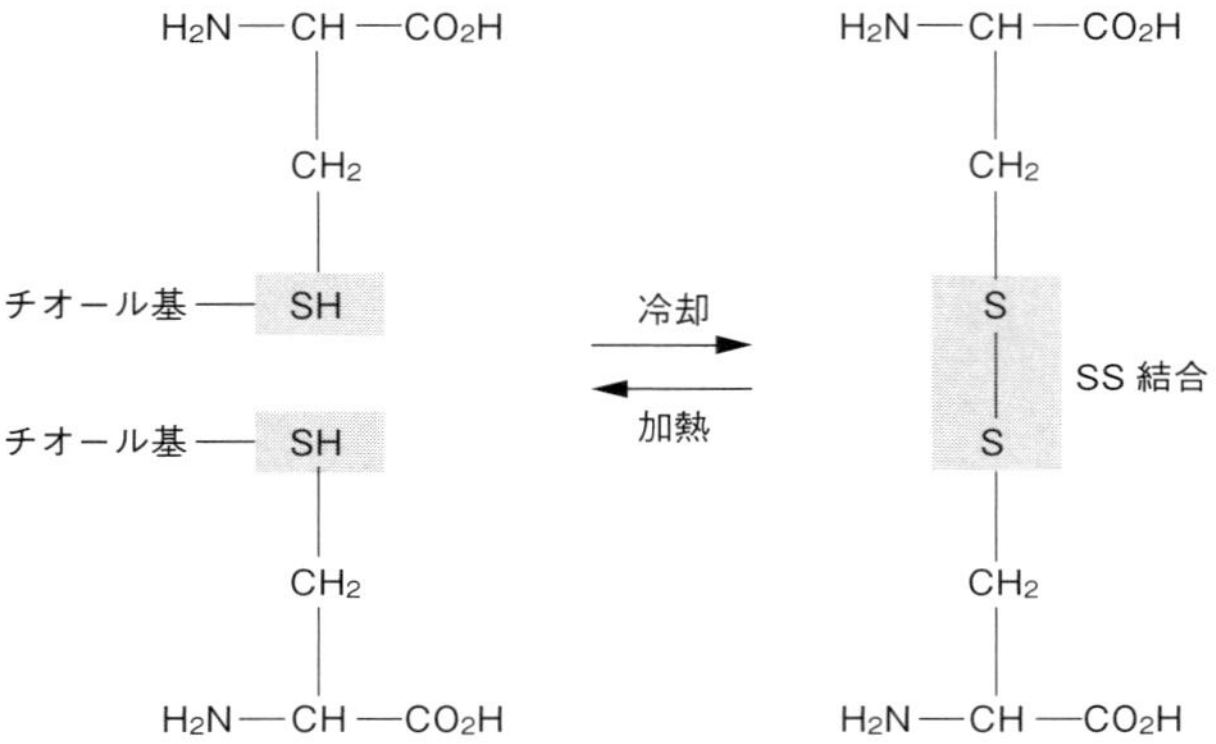

図4－7　SS結合のイメージ

システインは2つの分子が手をつないで「SS（エスエス）結合」という強い結合をつくっています（図4－7）。しかし、SS結合は高温で加熱すると結合が切れて2つの「SH（チオール）基」となり、他のSH基との間で反応しやすくなります。そして冷えるとSH基が再び結合して、SS結合に戻ります。

さて、殺菌時に乳の温度が高くなるにつれて、システインでも分子活動が活発になります。温度があまり高くない低温殺菌では、これらの反応はα－ラクトアルブミンやβ－ラクトグロブリンの分子内に留まっていますが、さらに高温になると、ほかのタンパク質との間でもこれらの反応が起こってしまいます。

たとえば、カゼインミセルの表面に多く存在するκ－カゼインも、このSS結合を1つもっていて、加熱されるとSS結合からSH基ができます。UHT法のような130℃以上という超高温下では、ホエイタンパク質のα-ラクトアルブミンやβ-ラクトグロブリンから出たSH基と、カゼインミセル表面のκ-カゼインのSH基が反応してしまいます。それが冷えると、分子が相互に入れ替わった状態の組み換え体ができて、カゼインミセルの表面をホエイタンパク質が覆ってしまうことになります。こうなると、添加した凝乳酵素がミセルに近づけず、表面のκ-カゼインを分解できなくなるので、乳の凝固が起こらなくなるか、きわめて遅くなるのです。

チーズミルクを決して高い温度で殺菌してはいけないのは、こうした理由からなのです。

第5章　乳酸菌と発酵の科学

古代の人々は、乳にもともと含まれていた乳酸菌や、洞窟などに棲んでいた自然界のカビなどを利用してチーズをつくっていました。現代のチーズ産業では、優れた菌を選抜し、培養して、人為的な発酵を起こさせて大規模生産していますが、チーズ製造に菌が欠かせないことは、いまも昔も変わりません。ここでは乳酸菌について、より深く考えてみたいと思います。

運命は最初に決まる？　乳酸菌スターター

一般的にはチーズづくりは、原料のチーズミルクに「スターター」と呼ばれる乳酸菌を添加するところから始まります。スターターは1種類のみの単菌のこともあれば、3～5種類を組み合わせることもあります。

スターターに使われる乳酸菌は、多くの「乳酸菌ライブラリー」から選抜された、選りすぐりの〝精鋭〟たちです。

形態	菌名	乳酸発酵型	培養温度(℃)	最高酸度(%)	ジアセチル
球菌	*Lc. lactis* sp. *lactis*	ホモ	30	0.7〜0.9	−
球菌	*Lc. lactis* sp. *cremoris*	ホモ	20〜30	0.7〜0.9	−
球菌	*Lc. lactis* sp. *lactis* bv. *diacetylactis*	ホモ	30	0.7〜0.9	＋
球菌	*Leu. mesenteroides* sp. *cremoris*	ヘテロ	20〜25	ほとんど作らない	＋
球菌	*Str. thermophilus*	ホモ	34〜37	0.7〜0.9	−
桿菌	*Lb. delbrueckii* sp. *bulgaricus*	ホモ	37〜43	1.5〜1.7	−
桿菌	*Lb. helveticus*	ホモ	37〜43	2.5〜2.7	−

Lc. : *Lactococcus*（ラクトコッカス，乳酸球菌），sp. : subspecies（サブスピーシス，亜種）
Leu : *Leuconostoc*（ロイコノストック），*Lb.* : *Lactobacillus*（ラクトバチルス，乳酸桿菌）

表5－1　スターターとして利用されている代表的な乳酸菌

スターターはモッツァレラなどでは1種類の乳酸菌だけですが、ほとんどのチーズでは複数の乳酸菌で構成されています。これを「混合スターター」と呼びます。現在、乳酸菌はたくさんの種類が見つかっていますが、チーズは食品ですから、星の数ほど存在する乳酸菌からどれを使ってもよいというわけではなく、長いキャリアのある優れた乳酸菌が伝統的に選ばれています。現在、チーズのスターターとして利用されている代表的な乳酸菌は7種類です（表5－1）。そしてチーズの種類に応じて、これらの菌株をさまざまな割合にブレンドしたものが市販されています。

スターターとなる乳酸菌は、乳中に添加される前に、殺菌した脱脂乳（スキムミルク）中で3回植え継がれます。これは乳中での増殖能力（乳糖を分解する能力）を高めるためです。こうした継代培養により、だんだんと乳酸菌の活性を高めていく培養法を「フレッシュカルチャー法」と呼びます。そして、活性を極限にまで高めた3代目の乳酸菌をチーズミルクに約1〜3％加えて、乳酸発酵を開始します。これがチーズづくりの始まりです。

スターターの管理は非常に大変であることから、中小の乳工場、小規模の酪農家やチーズ工房などでは、専門のスターター混合スターターメーカー（サプライヤーともいいます）から混合スターターを購入して使用することが多いようです。スターターメーカーはたくさんの乳酸菌を集めたライブラリーを保有しており、そこから複数の菌株を組み合わせて、苦みの発生が少なく、熟成能力の高い優れた乳酸菌を選抜しています。

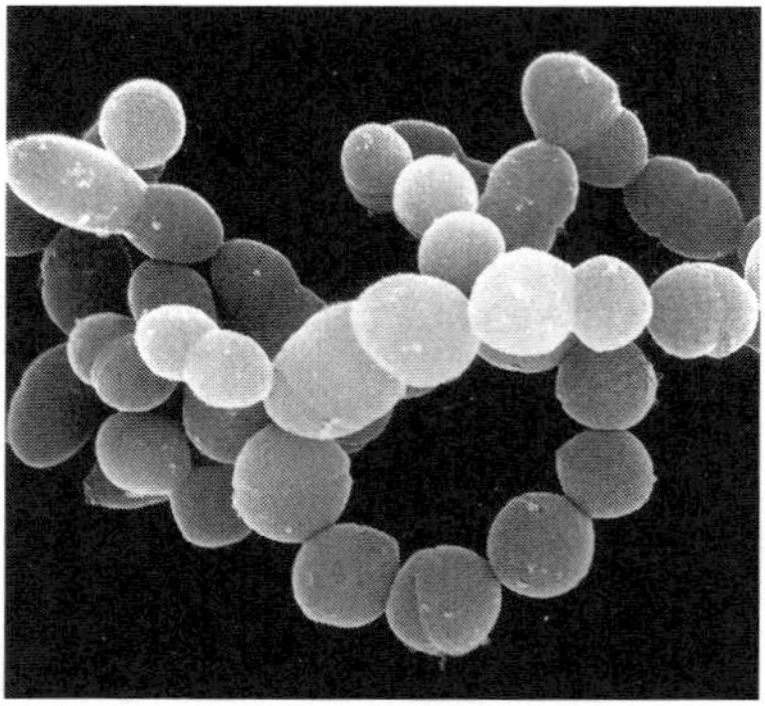

図5－1　ラクトコッカス・ラクチス

チーズ用のスターターとして広く利用されているラクトコッカス・ラクチス（*Lactococcus lactis*）の顕微鏡写真を図5－1に示しました。混合スターターの場合、この乳酸菌とほかの乳酸菌を組み合わせることになります。

乳酸菌の組み合わせ方は、どのような種類のチーズを製造するかにより、さまざまです。たとえば長期熟成するチーズでは、どうしても雑菌による異常発酵の可能性がありますから、ホエイをカードから排出させる工程で、45℃以上にまで加熱し、殺菌効果を高めます。前述のように、ハードタイプのチーズとは、この工程を含むチーズのことです。このときには、高温で加熱しても失活しない、高温性の乳酸菌をスターターとする必要があります。

ホエイと一緒に45℃以上に加熱する工程がないのがセミハードタイプのチーズです。この場合は、耐熱性の乳酸菌を使用する必要はありません。

スターターの形態には、液状、粉末（凍結乾燥したもの）および凍結の3種類があります。粉末と凍結のスターターには、濃縮して菌数を高めて、すぐに3代目の培地に直接接種できるものや、さらに菌数を高めて、ただちに原料乳に直接添加できるものがあります。これらは「濃縮スターター」と呼ばれ、製造現場での作業性がよく、雑菌などによる汚染の危険性が低いため、最近では世界中で広く使われています。また、後者のようにチーズミルクの入ったバット（浅い箱型の容器）に直接添加する手法を「DVI法」（Direct Vat Inoculation）と呼びます。最近のチーズづくりでは、DVI法が広く用いられています。

スターターの組み合わせ方法は無限にあるといってもよいほどです。その組み合わせ次第ではこれまでになかった香りや味のチーズができるはずです。そこから、新たなチーズがつくられる可能性もおおいにあるのです。

乳酸発酵の重要性

さて、スターターを添加したら次は、およそ30分から1時間、そのまま静かに置いておきます。これが「乳酸発酵」という段階です。乳酸発酵とは、乳酸菌が乳糖の中のブドウ糖（グルコース）を分解してエネルギーをとりだし、代謝産物として乳酸をつくる反応のことをいいます（図5－2）。

これは、私たち動物が筋肉の中で糖を分解してエネルギーを得る「解糖」とまったく同じで、乳酸菌はこの発酵過程で、高エネルギーリン酸化合物として「ATP（アデノシン三リン酸）」を得ています。ATPは私たちの体の中でも、「エネルギーの通貨」と呼ばれる大切な化合物です。乳酸発酵の全体を化学式で示すと、次のようになります。

$$C_6H12O_6 + 2ADP + 2Pi \rightarrow 2CH_3CHOHCOOH + 2ATP$$

ブドウ糖　アデノシン二リン酸　乳酸　アデノシン三リン酸

乳酸発酵と筋肉中の解糖はいずれも、酸素のない、すなわち嫌気的な条件下で進行する反応です。この反応では、ATPはわずか2分子しか得られません。

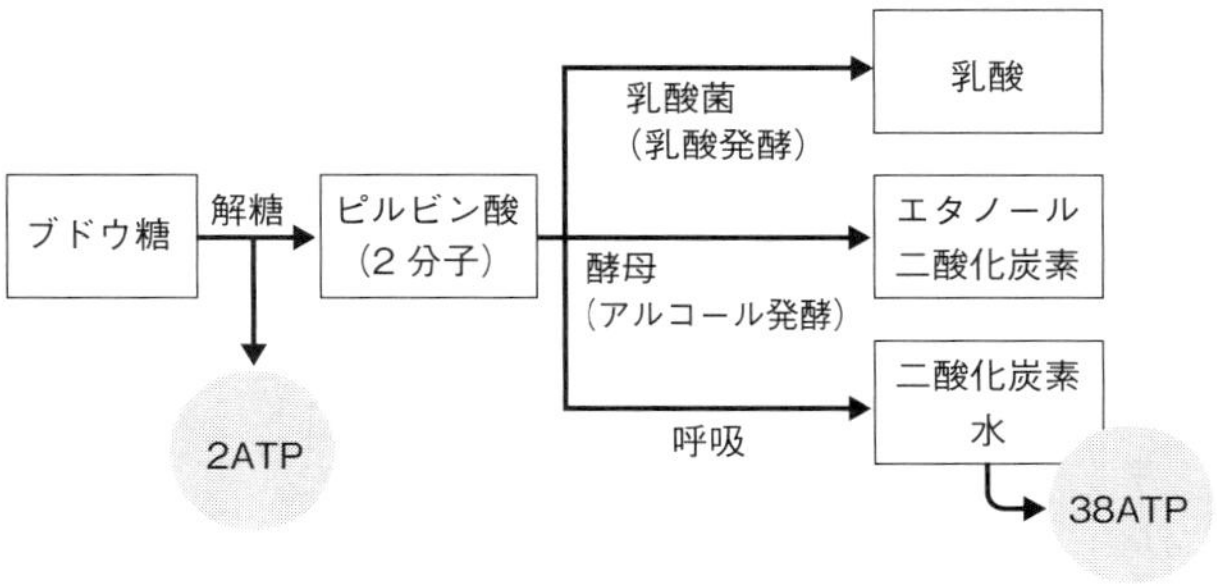

図5－2　乳酸発酵（アルコール発酵、呼吸との比較）

一方、酸素がある、すなわち好気的な条件下での解糖を「呼吸」といいます。これはブドウ糖からエネルギーをとりだして水と二酸化炭素が代謝される反応で、38分子ものＡＴＰが得られます。嫌気発酵のじつに19倍です。嫌気発酵が非常に効率の悪いエネルギーの獲得方法であることがわかります。たとえば酒づくりに使う酵母も、酸素の有無は条件しだいでどちらの発酵形式もとれますが、ワインの発酵のように酸素が乏しい状況下では、やはり乳酸菌と同じ嫌気的な発酵形式（アルコール発酵）となり、２分子のＡＴＰしか得られません。

乳酸発酵には、大きく分けて２つの経路があります。「ホモ乳酸発酵」と「ヘテロ乳酸発酵」です（図５－３）。

ホモ乳酸発酵とは、ブドウ糖がリン酸化されてグルコース６－リン酸となり、その分子が２つに分かれて３－ホスホグリセルアルデヒドとなり、ピルビン酸を経由して乳酸となる発酵です。

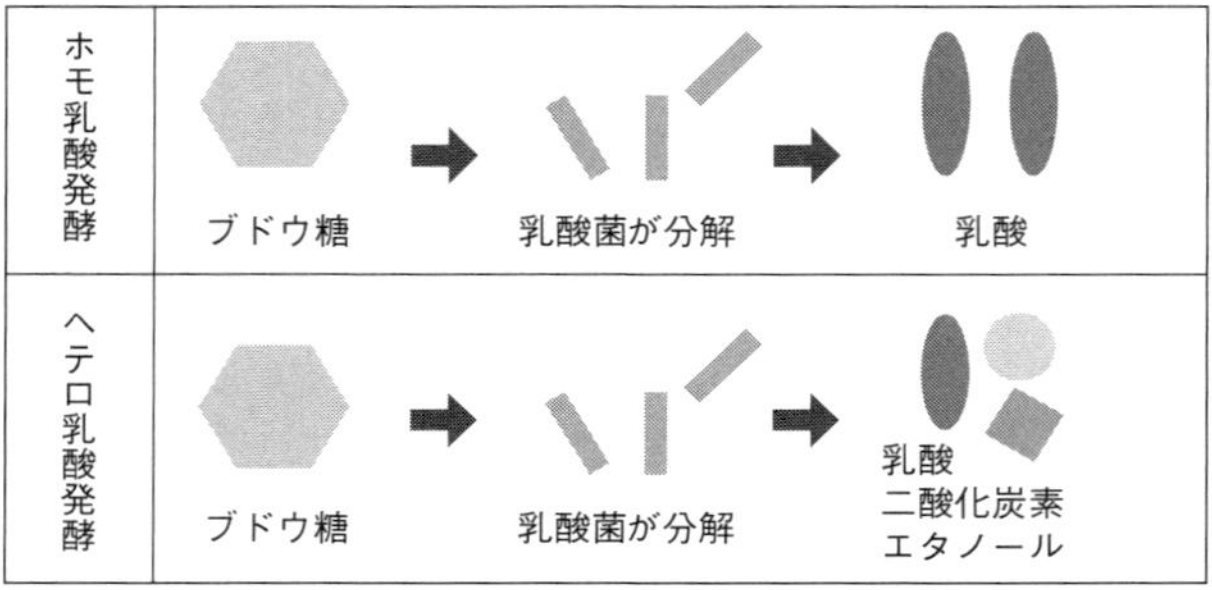

図5-3　ホモ乳酸発酵とヘテロ乳酸発酵

ヘテロ乳酸発酵では、ホモ乳酸発酵と異なり、代謝産物として炭酸ガス（二酸化炭素）やエタノールなどもつくります。チーズづくりでは、発酵によってガスが発生するとチーズ組織が膨らんで望ましくないので、一般的にはホモ乳酸発酵菌が選択されます。しかし、小さな気孔のあるきめ細かいチーズ組織をつくるために、ホモとヘテロの乳酸菌を絶妙のブレンド比で組み合わせることもあります。

たとえば、すでに本書で何度か登場したエメンタールチーズでは、熟成開始後に孵卵器《ふらんき》（インキュベーター）で加温して、ヘテロ乳酸菌であるプロピオン酸菌をあえて急激に増殖させ、組織内に炭酸ガスを大量発生させて直径12〜25㎜の「チーズアイ」をつくることで、このチーズを大きく特徴づけています。

では、こうした乳酸発酵をここでおこなうのはなぜでしょうか？　これには以下に示すように、とても重要な役割がいくつもあるのですが、このことは意外に知られていません。

①雑菌の繁殖を抑える

乳酸菌が乳酸をつくることで、菌体の周囲やチーズミルク中のpH値は急激に下がって酸性となるため、雑菌の生育・繁殖が抑えられます。

②乳の凝固をスムーズにする

乳酸の働きで遊離のカルシウムイオン（プラスに荷電）が増加します。これによってカゼインミセル表層のマイナス電荷が中和されることで、凝乳酵素を添加したときにスムーズな凝固が促進されます。

③凝乳酵素の活性を高める

乳酸の働きによって、乳のpH値は凝乳酵素の活性が最も高くなるpH6・2に低下します。したがって凝乳酵素の添加量を必要最小限にできます。このことは後述する苦みペプチドの生成防止にもつながります。

④乳酸菌の数をできるだけふやしておく

のちの熟成に備え、とにかく乳酸菌の菌数をこの段階で、できるだけふやしておきたいのです。将来、酵素を供給する菌体カプセルをふやす期間といってもよいでしょう。

⑤乳成分を分解する

乳酸菌には乳糖だけでなく、乳タンパク質や乳脂肪を分解する役割があります。

乳酸菌も「餅は餅屋」

チーズに利用される乳酸菌には、一般的に、求められる資質があります。それは、カゼインなどの乳タンパク質の分解作用が「穏やか」であることです。あまり分解能力が強すぎると、カゼインを細かく切りすぎて、熟成は急激に進みますが、できあがったチーズの味に角が立ち、苦みが前面に出てしまうのです。働き者でも控えめな乳酸菌を選抜して利用することが大切であり、ひいてはそれが「チーズの品格」を決定づけるといえます。いまどきの言葉を使えば〝肉食系〟ではなく、〝草食系〟の乳酸菌が選ばれているのです。

たとえば、ヨーグルトをつくる乳酸菌でチーズができるかといえば、答えはＮＯです。ヨーグルト菌は短時間に乳糖を分解して乳酸をつくる能力の高い乳酸菌を選抜利用しています。にもかかわらず、カゼインの分解は得意ではありません。乳酸菌の世界も、「餅は餅屋」なのです。

チーズの場合、乳酸菌スターターにはその地域に自然に存在する乳酸菌を用いるのが、いちばん地域や生産者の特殊性が出るので望ましいと思われます。しかし、そのような農家タイプのチーズは乳酸菌の安定的な供給ができず、現代の大量生産システムには対応できません。そこで、選抜した乳酸菌を大量に自家培養する方法が現在のチーズ製造方法の主流となっています。

しかし、中小の乳業メーカーや個人レベルのチーズ生産規模では、専門の技術者や施設を用意して菌株を管理・維持するのは非常に難しいため、さきほども述べた専門のスターターメーカーが代行しています。たとえばデンマークに本社があるクリスチャン・ハンセン社は、ヨーグルト用やチーズ用など、さまざまな種類の乳酸菌スターターを安定的に生産して、世界中に供給しています。その一方、乳酸菌使用量の多い大企業では、市販品を購入していては高価になりすぎますし、何よりも冒険をしたり、他社との優位性を主張したりするためのユニークな差別化チーズをつくることができません。そこで、自分の工場でスキムミルク培地をつくって、スターター乳酸菌を大量に培養しています。

乳酸菌のほかにも、チーズづくりに使われる菌があります。エメンタールチーズの製造に使用されてチーズアイをつくるプロピオン酸菌や、ウォッシュタイプのチーズで使用される好気性のリネンス菌という放線菌の仲間です。リネンス菌を薄い食塩水に混ぜてチーズ表面を洗うことで、チーズ表面に菌を繁殖させ、内部の熟成を助けます。これによってタンパク質を分解することでメチオニン、トリプトファン、チロシンなどのアミノ酸がつくられ、これらがそれぞれ、メタンチオール、インドール、フェノールなどの、ウォッシュタイプ特有の強い香りをつくりだしています。

乳酸菌に備わった絶妙の防御システム

自然界には、乳酸菌の「天敵」がいます。それはバクテリオファージというウイルスで、通常は単に「ファージ」と呼ばれます。ファージに感染した乳酸菌は、発酵不良や発酵停滞（乳酸がつくられない）を起こし、最悪の場合には死ぬ（溶菌：菌体が溶けてしまう）こともあります。私たちがファージを食べても大丈夫ですが、乳酸菌はファージに非常に弱いのです。

使用するスターター乳酸菌が1種類であったり、同じ乳酸菌を長期間にわたり繰り返し継代培養したりしていると、ファージ汚染を受けやすくなります。その対策としてチーズ産業は、なるべく複数の乳酸菌を組み合わせて、かつ同じ菌を多用しないようにローテーションしながら使用しています。

少し専門的な話になりますが、ラクチス菌という乳酸菌には、ファージ耐性機構が少なくとも3種類あることが知られています。すなわち、菌の表層の受容体（レセプター）を変化させてファージの吸着を阻害する吸着阻害系、ファージのDNAを分解する制限修飾系、そしてファージDNAの増殖を阻止する感染不全系です。いずれも染色体ではなく、プラスミドと呼ばれる、細胞分裂によって受け継がれる染色体以外のDNA分子に支配されています。多くの場合、同じプラスミド上に2種類の耐性機構が存在しており、生まれつきファージ攻撃から自分の身を守る術《すべ》をもっていることに驚かされます。乳酸菌は小さな生物ですが、じつに巧妙な構造をしている生命体なのです。

また、無殺菌乳を使用してチーズを製造する場合、長期熟成させるなら心配いりませんが、早い時期に食べるソフト系のチーズには、リステリア菌などによる汚染の可能性があります。ここでもラクチス菌には、他の微生物（とくに同属の菌）に対し、生育を阻害する抗菌活性を示す「ナイシン」と呼ばれる抗菌ペプチドをつくるものがあります。初めからチーズミルクにナイシンを添加しておけば、早い時期の有害菌の生育を抑えてくれることが期待されます。熟成期間になると、ナイシンは乳酸菌により分解され、活性もなくなるので安心です。

現在の日本では、チーズミルクは加熱殺菌することと決められていますが、将来、無殺菌乳使用が認められた場合には、ナイシンが使用されるかもしれません。

遺伝子工学とチーズ産業との関係

いまや遺伝子工学の技術はさまざまな菌にも応用され、チーズづくりの現場でも威力を発揮しはじめています。

たとえば大腸菌は人類によってよく研究された安全な微生物であり、いろいろな有用タンパク質をわれわれのためにつくってくれています。チーズづくりでは、凝乳酵素のキモシンを、遺伝子組み換えの手法で大腸菌の大量培養からつくることが可能になっています。これは、子牛レンネット（子牛の第4胃から取り出す、乳を固める酵素）の不足を補うのが目的です。現在は大腸菌のほかに、酵母あるいはカビなど多くの微生物にキモシン遺伝子を組み込んでキモシンをつくることができるようになり、世界中のチーズ製造に広く使われています。日本でもこの遺伝子組み換えキモシンは食品添加物として厚生労働省から許可されていますが、日本の主要な乳業会社は使用にとても慎重で、まだ使用実績はありません。

チーズスターター乳酸菌であるラクチス菌でも、遺伝子組み換えはヨーロッパを拠点に早くから研究されていました。とくに、*Lc.lactis* IL1403株は、乳酸菌として初めて全ゲノム（染色体のＤＮＡ配列情報）が解読された菌株であり、その後の乳酸菌研究を飛躍的に発展させたことで有名です。乳酸菌を遺伝子工学的にいろいろと「修飾」することで、これまでの欠点や弱点を補ったスーパー乳酸菌をつくりだすことも可能となりました。

しかし、日本でもヨーロッパでも、遺伝子組み換えによってできた乳酸菌体を、チーズなどの食品製造に直接用いることは許可されていません。将来、安全性が確認された組み換え乳酸菌が用いられるようになれば、これまでにない新たなチーズの可能性がひらかれるかもしれません。

CHEESE COLUMN

乳酸菌培養の専門家

　2002年にアメリカ乳製品輸出協会により企画された「アメリカンホエイツアー」という視察旅行に、ミルク科学の専門家として私も同行しました。アメリカの西海岸側のカリフォルニア州では当時、大きなチーズ製造工場やチーズホエイの処理工場の建設ラッシュでした。そのうちの1つの工場を見学した際に、耳寄りな話を工場長から聞くことができました。

　この工場では毎日、チーズを大量につくっているので、チーズづくりに欠かせないスターター乳酸菌も大量に必要となります。市販のものを購入すればファージ対策がされており、信頼性は抜群でしょうが、やはり価格が高くつきます。そこでこの会社では、工場の巨大な培養タンクを用いて、スターター用の乳酸菌を自社で大量に増やしていました。培養の担当者は、数百人いる社員から高額な給料で募りました。当然、たくさんの社員が応募してきました。会社の採用担当者は、その社員の勤務態度だけでなく、プライベートな日常生活まで徹底的に調べ、「きれい好きで誠実な性格」であることを主なチェック項目として審査しました。

　その結果、最終的に3名の社員が選ばれました。偶然でしょうか、みなさん女性だったそうです。彼女らは毎日、ほかの社員とは別の専用入口から入り、専用の服に着替えて、一日中、誰とも接触せず、誰とも話をせず、終日、乳酸菌を雑菌の混入なく大量に増殖させる作業に専念し、最後には専用出口から帰宅するそうです。

彼女らには高額な報酬が支払われますが、「孤独なプロフェッショナル」という印象が非常に強く、この視察旅行ではいちばんの話題となりました。

CHEESE COLUMN

乳酸菌研究者や技術者が食べてはいけない食品

乳酸菌の研究者やチーズ製造に携わる技術者には、食べてはいけない、または食べることを控えたほうがよい食品があるのをご存じでしょうか？

それは、ずばり「納豆」です。納豆をつくるのに不可欠な納豆菌はバチルス・サブチリス・ナットー菌（*Bacillus subtilis Natto*）という学名の好気性細菌（酸素があるとよく増殖する菌）です。伝統的な「苞《つと》納豆」は、蒸した大豆を稲わらの中に包み込むようにして加温すると、わらに自然に含まれる納豆菌が旺盛に増殖して、あの独特の粘りと風味をもったおいしい納豆ができるわけです。

ところが、この納豆菌は胞子形成菌といって、菌体の増殖と同時にたくさんの「胞子」をつくりだす性質があります。すると、食べた人の体にも胞子がついて、研究室に持ち込まれる可能性が高くなるのです。乳酸菌は基本的には酸素を嫌う通性嫌気性菌であり、空気中での増殖速度は納豆菌に完全に負けてしまいます。

そのため、乳酸菌の研究者や技術者は、たとえ大好物が納豆であっても、日々の食事では我慢しなければならないのです。もっともアメリカのチーズ工場には納豆を食べて出勤してくる従業員はまずいないでしょうが、日本の工場のみなさんにはお気の毒としか言いようがありません。

しかし、アメリカでも、納豆菌の仲間であるズブチリス菌などはどこにでもいる菌なので、注意が必要です。

ところで、清酒をつくる酒造メーカーの技術者も、やはり納豆を避けている、というテレビ番組を見ました。清酒産業では「火入れ」までは火落《ひおち》菌などの有害乳酸菌の混入を絶対に避けなくてはならず、かつ納豆菌の胞子なども避けねばならず、担当者は食生活では相当に気をつけているそうです。菌をあつかう人たちの知られざる苦労に、みなさんも思いをはせてみてください。

第6章 凝乳の科学

第1章でも少し述べましたが、西洋型チーズづくりの最大の特徴は、乳からカゼインを取り出すために、乳を固める凝乳酵素を用いる点にあります。この酵素はモンゴルやネパールでつくられる東洋型のチーズでは、まったく使用しません。
この章では、どうしてこの酵素ひとつで乳が固まるのか、凝乳現象の神秘性に迫るとともに、凝乳後におこなうチーズホエイの排除という工程についても科学的に考えてみます。

4大凝乳酵素とは

みなさんもよくご存じのように、乳は、レモン果汁や食酢などの酸っぱい物質を加えると、凝固します。これは、乳タンパク質の主成分であるカゼインが、酸性の物質を加えられてpH4・6付近になったことで、「等電点沈殿」という凝固を起こしたからです。ヨーグルト（発酵乳）は乳酸菌がつくった乳酸によりpHが5以下となってカゼインが等電点沈殿したもので、まったく同じ原理です。

ところが、チーズは決してヨーグルトのように酸っぱくなることはありません。pHの低下による凝固様式とはまったく異なる原理で凝固しているのです。それが、レンネット（主成分はキモシン）という凝乳酵素による凝固です。

世界のチーズづくりで広く使用されている凝乳酵素には、以下の4つがあります。1つは本物のレンネットであり、残りの3つはレンネットの代替酵素として開発されたものです。

①子牛レンネット

「標準レンネット」や「カーフレンネット」とも呼ばれます。この酵素は生後数週間（10〜30日）の、まだ乳を飲んでいる子牛の第4胃からつくります。

胃袋を洗ってから食塩をまぶして自然乾燥し、これを細かく切って食塩水に浸すと、レンネットの抽出液が得られます。1頭の子牛の第4胃からは、約1kgのキモシンが採れます。レンネットはタンパク質分解酵素（プロテアーゼともいいます）であり、主成分のキモシンが88〜94％を占め、副成分としてペプシンが6〜12％含まれています。

現在では子牛レンネットは貴重品と考えられています。また、レンネットに含まれるペプシンによりチーズに苦みを生じるので、利用量は必要最小限に留めるのがよいとされています。なかにはペプシンを工業的に除いて、キモシン量を96％にまで高めた商品もあります。

②微生物（由来）レンネット

1960年代は、世界的に食肉需要が急増しました。子牛は食肉として肥育されたので、レンネットの原料となる子牛の胃の数が激減し、子牛レンネットは供給不足になりました（その後、2000年代にBSEの問題が起こったことにより、子牛はますます貴重品となりました）。

そこでキモシン代替品として、微生物由来の凝乳酵素が開発されました。1962年に、有馬啓博士（東京大学）が土壌から凝乳活性のある毛カビ（糸状菌）のリゾムコール・プシルスを発見しました。その後、リゾムコール・ミエヘイやエンドシア・パラシティカからも凝乳酵素が見つかり、商品化されています。チーズに使用した場合、多少の苦みは出ますが、次に述べる植物レンネットほどではなく、日本を含め世界中で多用されています。そのため有馬博士は「世界の子牛を救った研究者」といわれています。価格は子牛レンネットの半額程度で、経済的にも優れている代替酵素です。

③植物レンネット

イチジクの樹液からの「フィシン」、パパイヤの果実からの「パパイン」、パイナップルの果実からの「ブロメリン」などのタンパク質分解酵素にも、凝乳作用があります。インドなどのウシを神聖化している国では、子牛レンネットは決して使えません。そこで代替酵素として植物由来の凝乳酵素が探索され、発見されたものと思われます。しかし、単独の使用ではチーズがとても苦くなるのが最大の欠点です。小規模な地域で使用されているのみで、工業的な生産や利用はされていません。

④発酵生産キモシン（ＦＰＣ）

「遺伝子組み換えレンネット」「バイオキモシン」「遺伝子組み換えキモシン」とも呼ばれ、遺伝子工学の手法で人工的につくった凝乳酵素です。キモシンの構造遺伝子のみを微生物（大腸菌やカビや酵母）の中に組み込んでつくられ、キモシン１００％でペプシンをまったく含まないので、ほとんど苦みが出ません。価格は子牛レンネットの7割程度です。

代表的な製品に、CHY-MAX（カイマックス、クリスチャン・ハンセン社）とMaxiren（マキシレン、ＤＳＭ社）があり、日本でも販売されています。

キモシンの添加量が減少している理由

レンネットが乳を固める能力（凝乳活性といいます）は、その1mlまたは1gが、35℃において40分間に凝固させる牛乳のml数またはg数で表されます。微生物レンネットや発酵生産キモシンなどの市販品の凝乳活性はとても強く、子牛レンネットと比べると、液体のもので1万〜1・5万倍、粉末のもので10万〜15万倍とされています。ほんの少しの酵素でも大量の乳を固めることができるのがわかります。

日本の大手乳業会社のチーズ製造では一般的に、ニュージーランド産の子牛レンネットを、クリスチャン・ハンセン社などから購入して使用しています。このように天然ものを使っている国は、いまや世界でも日本、韓国、オランダくらいで少数派となっています。世界の主流は発酵生産キモシンで、子牛レンネットがキモシン酵素市場に占める割合は1割以下となりつつあります。いずれ、子牛レンネットは使用することが難しくなるでしょう。

チーズ製造で子牛レンネットの使用が世界的に減っている理由は、以下の3つが考えられます。

①高い酵素代を節約したい
②動物愛護の観点から（生後数週間の子牛を殺すので）
③苦みを抑制する

キモシンは酵素なので、最も元気に働く「至適pH」の領域があります。キモシンの至適pHは6・2付近と酸性領域なので、pH6・5〜6・7の乳を固めるには、たくさんの酵素が必要となります。しかし、多量の酵素添加は苦みの原因ともなるのです。さきほど、チーズミルクに乳酸菌を加えて乳酸発酵させる目的の1つとして凝乳酵素の活性を高めることをあげましたが、これは乳のpHをよりキモシンの至適pHに近づけるためです。これによって添加する酵素量は非常に少なくてすむようになるのです。

こうして子牛レンネットの使用は減少していっているのですが、おかしなことには、あえて天然ものに見せるために、発酵生産キモシンにペプシンを微量添加して苦みを出す工夫をしているケースもあるそうです。人間のやることはナンセンスですね。

感動の瞬間――凝乳

チーズミルクは乳酸発酵によって酸性になります。このとき、pHは6・2付近で、酸度（乳酸の濃度として計算）は0・15～0・22％になっています。ここで凝乳酵素キモシンを添加します。すると、チーズバットを満たす液体であった乳は、全体が一つの巨大な塊に変わります。その変化は瞬間的に起こります。このように牛乳（液体）が固体へと変化する現象を「凝乳」と呼んでいます。

工場見学などでこの現象に出会った方はみな、乳の神秘性を感じるといいます。凝乳の瞬間がどのようなものか、みなさんにも少しイメージしていただきましょう。

チーズバットに満たされたチーズミルクに、凝乳酵素を少しだけ加えて、しばらく待ちます。静かに、そっとしておかなくてはならない、大切な時間です。

30分くらいたったら、チーズバットの中をのぞいてみます。

すると、なんと！　そこにはバットの乳全体が一つになった「塊」が出現しているのです。

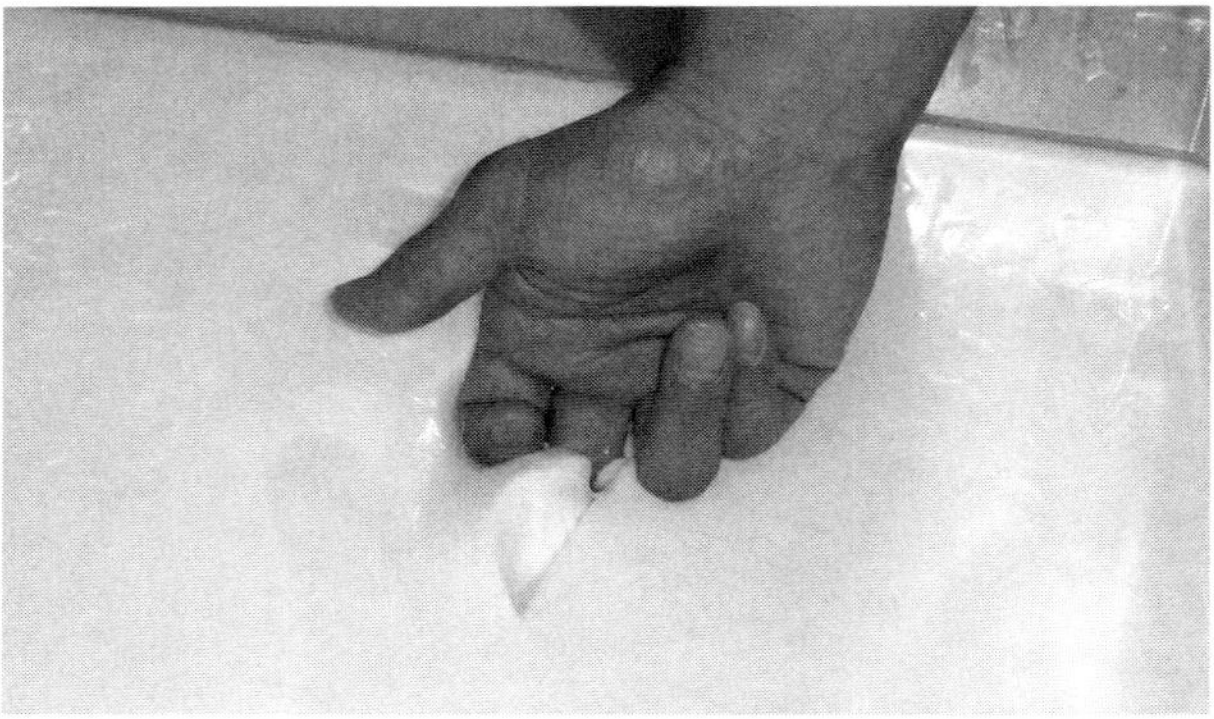

図6－1　凝乳の瞬間

この凝乳現象は、まさに神秘的としか言いようがありません。もし機会があれば、みなさんにもぜひ一度は体験していただきたいものです。本当に感動します。

私は東北大学農学部附属教育研究センター（宮城県）で毎年、応用動物科学コースの3年生の学生にバター・チーズ製造の実習指導をしています。約400kgの生乳を使って、本格的なゴーダチーズをつくるのです。いつも学生の一人一人に、指をバットに入れさせて凝乳を体験させています。凝乳していくのを自分の指で感じた学生は、いっせいに「ウォー」という歓声をあげます。その感動は私たち教員にも伝わってきます。その後の人生でチーズづくりをする学生はほとんどいないでしょうから、大切にしてほしい瞬間です。

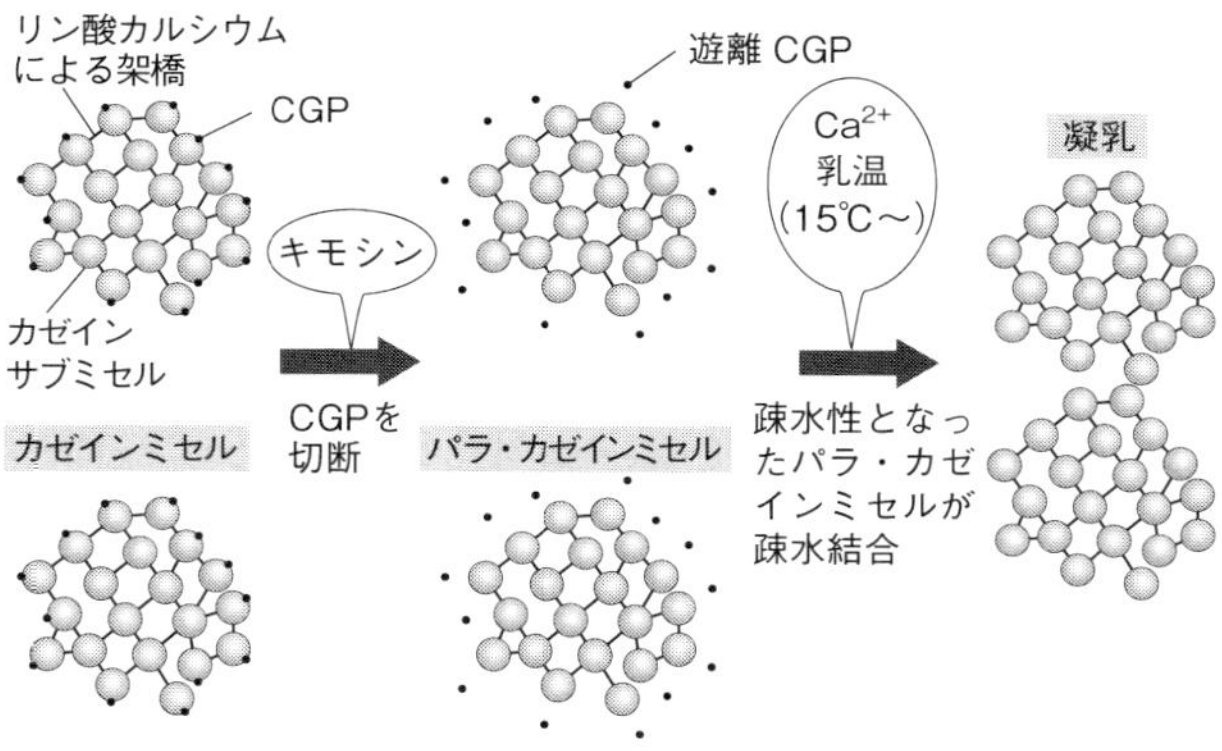

図6-2　凝乳のしくみ

「凝乳という魔法」のメカニズム

では、凝乳という劇的な現象は、どのようにして起こるのでしょうか。

この現象では、乳中にわずか2・4%しかないカゼインというただ1種類のタンパク質だけを乳から取り出すという、化学実験でもきわめて難しいことが進行します。しかも、微量のレンネットを加えるだけで、簡単に実現してしまっているのです。まるで魔法のようですが、そのメカニズムは科学的に説明できます。

凝乳のしくみを図6-2に示しました。レンネット中の主成分である酵素キモシンは、乳酸発酵によって約30℃、pH6・2付近になると、カゼインミセルの表層に局在するκ-カゼインのペプチド結合のうち、ただ1ヵ所（N-末端から数えて105番目のフェニルアラニンと、106番目のメチオニンの間の結合）だけを加水分解します。これは、キモシンの最大のミステリーです。

すると、κ－カゼイン分子のうち、リン酸基と糖鎖を結合する、水溶性（親水性）のカゼイノグリコペプチド（CGP）が切り出されて、ホエイ中に溶け出していきます。

その結果、カゼインミセルの表層には、κ－カゼイン分子のうち、水に溶けにくい（疎水性）パラ・κ－カゼインが残され、カゼインミセルは一転して、表面が疎水性領域のパラ・カゼインミセルとなります。

しかし、親水性のCGPの下に隠れていたリン酸基などが露出したことで、カゼインミセルの表面はマイナス電荷となり、ミセルどうしは反発しています。そこに、添加しておいた塩化カルシウムからのカルシウムイオン（Ca^{2+}）が結合して、電荷は打ち消されます。その結果、パラ・カゼインミセルの表面は非常に疎水的となり、ミセルどうしが結合しあって規則的なマトリックス構造をとり、固形化します。このようにして、魔法のような凝乳現象が起こると考えられているのです。

図6－3は、レンネット添加から凝乳までのカゼインミセルの変化をとらえた電子顕微鏡写真です。

子牛の第4胃で起きていること

じつは、凝乳におけるこの生化学的反応は、生まれたての子牛が母牛から乳を飲んだときに胃

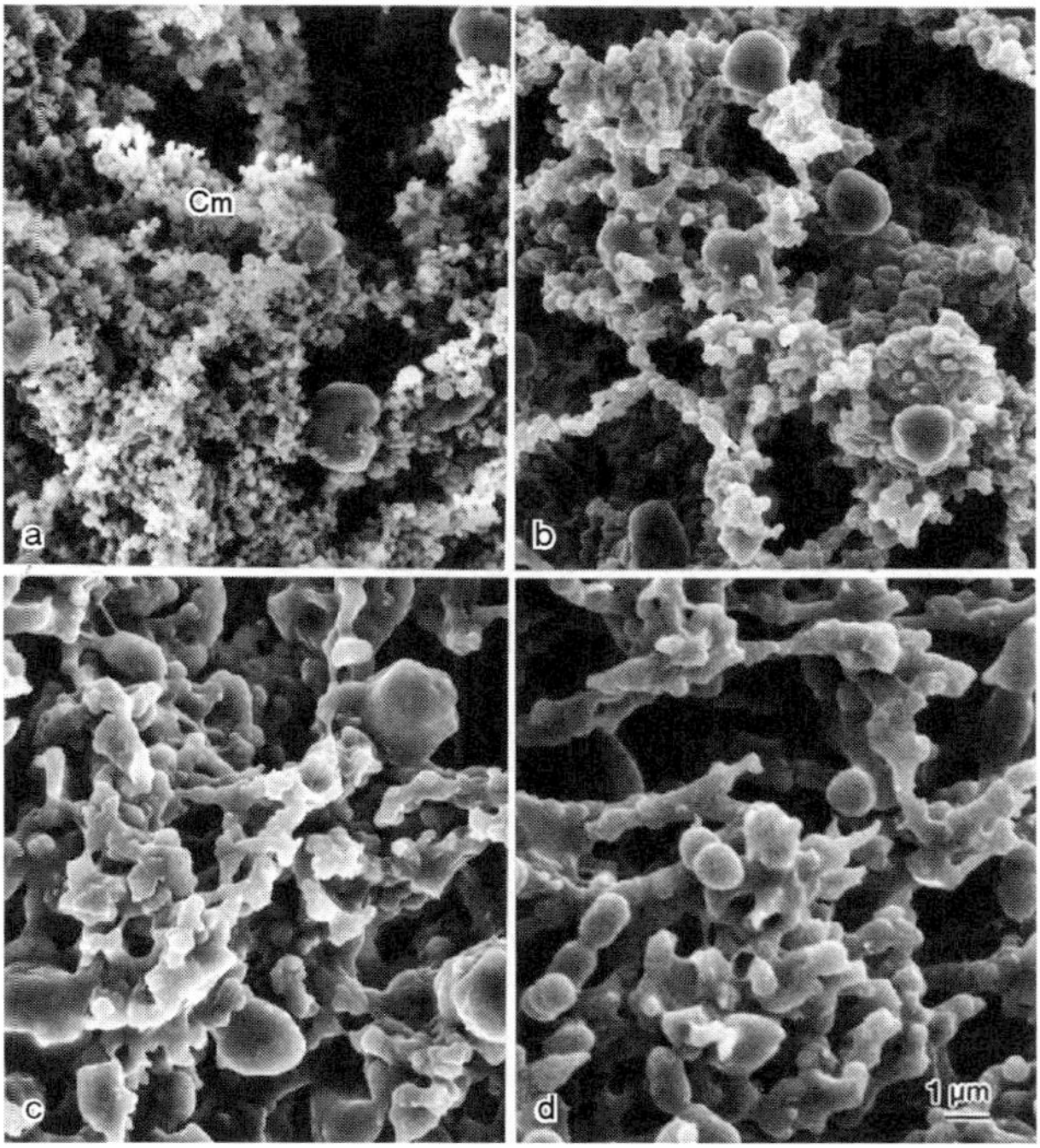

図6－3　凝乳するカゼインミセルの電子顕微鏡写真
a：レンネット添加から30分後（pH6.35）
カゼインミセルの原形（Cm）がまだ残っている
b：レンネット添加から105分後（pH5.92）
徐々にカゼインミセルが凝集して大きな二次粒子になっていく
c：レンネット添加から195分後（pH5.25）
d：レンネット添加から1200分後（pH4.63）
カゼインミセルがひも状につながっている

の中で起きる反応とまったく同じです。子牛が飲んだ乳は、第1胃から第3胃では消化吸収されることなく通過して、第4胃に移行します。この第4胃内で起こっていることが、凝乳現象そのものなのです。現代のチーズ産業がバット内で乳を固めているのは、子牛の第4胃内で起きているドラマを再現しているにすぎません。生物の神秘をそのまま、なぞっているわけです。

では、子牛はなぜ乳を凝乳しているのでしょうか？　それは栄養の吸収性を高めるためです。消化管が未成熟の子牛は、液体の乳を飲んでもごく短時間で小腸を通過してしまうため、十分に栄養を吸収することができません。そこで、乳をキモシンで固めて固体にして、小腸を通過する時間を延長することで、消化吸収を高めているのです。ちなみにヒトの赤ちゃんでは、胃酸で母乳を固め、同様に小腸での滞留時間を確保していると考えられます。

凝乳反応とは、哺乳動物においてお母さんが子どもに用意したしくみなのです。

ただし、チーズづくりではその後、子牛の胃の中での反応とは決定的に違う進展をみせます。キモシンは乳酸発酵の直後のpH6・2前後の酸性度では、前述のようにカゼインの中の1ヵ所のペプチド結合のみを切るという、不思議な加水分解をします。ところがその後、熟成段階に入り、増殖した乳酸菌がつくり出す乳酸によりpHがさらに低下して5・2付近になると、今度はほかのペプチド結合部分も旺盛に加水分解するように大変身するのです。

これにより、熟成中のカゼインはどんどん低分子化していきます。そのため、旨みがどんどん増していくのです。つまり人間は、凝乳のあとでキモシンを再度利用する方法を見いだしたのです。キモシンをつくりだしたウシにとっても、もちろん想定外の使い方だったことでしょう。

ホエイ排除の命は「タイミング」と「ゆっくり加温」

凝乳現象によってできあがった巨大な豆腐のようなゲル状の塊が、カードです。それは乳の神秘が凝縮されたものではありますが、チーズづくりにおいては、このままでは水分が多すぎます。そこで、余分な水分を除き、固形分の割合を高める必要があります。

それが、凝乳を特殊なナイフで細かく切ることで、ホエイを排除していくという工程です。この工程を「カッティング」といいます。ナイフといっても、カードはとても容積が大きいので、家庭用の包丁のようなものでは切り分けることはできません。そこで、ピアノ線を張った「カッティングナイフ」と呼ばれる特殊なナイフを使って切ります（図6－4）。

このナイフには、実際には「刃」は存在しませんが、カードに縦方向および横方向に切れ目を入れ、0・5～3センチ角程度のサイコロ状に細かく切り分けることができます。

固まった凝乳に指を一本差し込んで、静かに持ち上げたときに、カードがきれいに裂けて、そこから半透明な淡黄色のホエイがにじみ出てくれば、カッティングに最適の時期です（図6－1参照）。このタイミングの判断を誤って、カッティングをするのが早すぎると、カードの微粒子までがホエイ中に出てきてしまいます。逆に、カッティングが遅すぎると、固まりすぎてきれいに切れなくなり、カードを壊してしまいます。いかに絶好のタイミングでカッティングをするかは、チーズづくりの工程で重要なポイントなのです。

図6－4　カードを切るカッティングナイフ

サイコロ状に細切りされたカードは、そのまま静かに置いていてもホエイは少しずつ排除されますが、長時間置いておくと微生物に汚染されやすくなります。したがって、より早くホエイを排除するため加温をします。この工程を「クッキング」といいます。

クッキングのときは温度を上昇させることが必要ですが、決して急いではいけません。急激に温度を上昇させると、カードの表面だけが縮み、内部からホエイが出ません。すなわちホエイ排除がうまく進まなくなってしまいます。最初は細切れのカードを静かに攪拌《かくはん》しながら、1分間に0・5℃くらいの非常にゆっくりしたペースで加温していくのです。そうすると、徐々に、カードからホエイが排除されていきます。この現象を「シネレシス」といいます。

ハードとセミハードの分かれ目

クッキングの工程で、軟らかかったカードは次第に一つ一つが表面から収縮を始め、だんだんと内部からホエイが滲出《しんしゅつ》して、弾力のある硬めの「カード粒」に成長します。

さらにホエイ排除が進むと、滲出した多量のホエイの中にカード粒が浮いている状態になります。そうなったら、上澄みのホエイの排除を開始します。セミハードチーズとハードチーズに分かれるのは、この段階です。

滲出したホエイとカード粒を布製の袋に移して、完全にホエイを排除した場合、セミハードチーズになります。一方、滲出したホエイとカード粒をさらに高温（55℃を超えない範囲）で加熱してからホエイを排除した場合、ハードチーズになります。ハードチーズが加熱されるのは、その後の長い熟成期間を考えて、微生物学的な安全性をより確保するためです。カード粒は加熱によりさらに強く結着し、大きな塊に変化していきます。

また、チェダーチーズをつくる場合は、ホエイ排除後にカードをバット内で保温したまま堆積させ、これを30㎝角、厚さ15㎝くらいに裁断したあと、15分ごとに反転してカード内部の乳酸発酵を促進します。反転を繰り返すとカード粒子が融合して密着したマット状になり、内部は繊維状の組織となります。この操作を「チェダリング」といいます。そのあと、マット状のカードを細断する「ミリング」という工程に移ります。

各種チーズに固有の組織（硬さと弾力性）は、凝乳の際の切断サイズ、攪拌の強弱、加熱温度の高低、その後のカードのpHに影響する乳酸生成の多少などによって決まります。製造現場ではそれらを非常に細かく調整しています。そして、最終的なカード水分値と、カゼインサブミセルをつないでいるリン酸カルシウムの量を制御して、さまざまなチーズにつくり分けられていきます。じつに巧妙で、繊細な作業工程なのです。

これらは、従来は職人の勘や経験にもとづいていましたが、現代のチーズ産業ではかなり精密かつ頻繁に温度や酸度を測定しながら、数値に応じて作業が進められています。

なお、クリームチーズなどのソフトタイプのチーズでは、カード粒をホエイとともに型に流し込み、ホエイの分離・圧搾をせずにカード自身の重さ（自重）でカード粒を結着させています。

第7章 加塩の科学

ホエイがほぼ排除できたら、いよいよ最後の工程です。型に詰めて圧搾し、残っているホエイを絞り出したカードに、塩を加えるのです。これを「加塩」といいます。しかし、なぜそんなことをするのでしょうか？

型詰めとグリーンカードの成型

ホエイを排除したカードは再び相互に固まって、弾力のあるカード粒となります。これを型に入れて成型することを型詰め（図7-1）といいます。型詰めによって、カード粒は再び結着して、1つの塊になります。この、まさにこれから熟成に入るばかりのカードを「グリーンカード」と呼びます（図7-2）。

グリーンカードは一般的には円柱状です。しかし、型のサイズと形状により、チーズの形状はさまざまに変えることができます。丸いチーズもつくれます。「王様」とも呼ばれるパルミジャ

図7 - 1　細かく切ったカード粒を型詰めする

図7 - 2　カード粒が再結着してできたグリーンカード

ーノ・レッジャーノの場合は、型の側面のベルト部分に名称のロゴが一面に入っていて、乾燥にともないベルトを締めつけていくと、自然とロゴがチーズに刻印されるようになっています。この刻印と協会の焼き印のないものは、本物のパルミジャーノ・レッジャーノとは認められません。

ハードチーズであるエダムチーズなどでは、表面からの水分の蒸発を防ぐために赤いワックスを塗布しますので、「赤玉」と呼ばれています。これは海外への輸出用で、国内向けには黄色のワックスを塗ります。また、チーズを透明のフィルムで包み、内部の空気を抜いて真空にしてフィルムをチーズに密着させてから、フィルムの端を加熱して溶封する「真空包装」をする場合もあります。いずれも、熟成期間中の乾燥やカビの発生などを防ぎ、日々の手入れを省くための工夫です。

しかし伝統的な工法では、型から出したグリーンカードをそのまま、ワックス付けも真空包装もせずに熟成させます。これは「リンドタイプ」と呼ばれるもので、熟成庫で毎日、表面を布で拭いてカビなどの発生を防ぎ、また、チーズを上下反転させる作業も毎日必要とする、大変手間のかかるつくり方です。しかし、このような手間ひまをかけることで、チーズはだんだんとおいしくなっていくのです。もっとも最近のパルミジャーノ・レッジャーノでは、ロボットがこの反転作業をやっているところもあります。

「加塩」の意外な理由とは

「加塩」とは、グリーンカードに食塩（NaCl）を加える作業のことで、チーズ製造工程の最後のステップです。

ただし、加塩するのは熟成型のチーズのみで、熟成させないフレッシュチーズは一般に加塩はしません（カッテージチーズは食塩を少しまぶして味つけすることがありますが）。

加塩の方法はチーズの種類によって違います。たとえばチェダーチーズは、前述した特徴的なチェダリングやミリングという操作のあと、裁断したカード粒子に乾塩（乾燥したサラサラの塩の結晶）をまぶして加塩するので、「乾塩法」と呼んでいます。

ゴーダ、パルミジャーノ・レッジャーノなどでは、カードを型詰めして5～8時間プレスしたあと、型を外し、20％濃度の飽和食塩水（ブラインともいいます）に15℃で3～5日間、浸して加塩します。この方式を「湿塩法」と呼びます。パルミジャーノ・レッジャーノの40kgもの巨大なチーズでは、1ヵ月くらい浸すこともあります。

また、ブルーチーズでは型詰めして圧搾したあとに濃厚なスラリー状（粘性の強いドロドロした状態）の塩を塗布して擦り込み、加塩します。

加塩とは、これらのような方法で、チーズ組織の内部に塩分を送り込む工程なのです。一見するとこれは、チーズに塩味をつけるだけだと思われがちです。ところが、じつは驚くほど深い意味合いがあるのです。

まず、重要な役割の1つ目は、殺菌です。グリーンカードの表面は、加塩によって、食塩濃度がかなり高くなります。これにより、塩分に弱い菌を減少させて熟成中の雑菌の繁殖を抑えることができます。

2つ目の役割は、グリーンカードにまだ残っているホエイの排除です。カードの外側に塩分を付与することで外部の浸透圧が高くなるため、内部に残存したホエイが外に吸い出されるのです。これは漬け物が漬かるのと同じ原理です。漬け物では、外部に濃い塩分濃度の調味液が存在するので、野菜の内部の水分が外に出て調味液が入り「漬かる」のです。残ったホエイが出ることで、グリーンカードのタンパク質成分はより濃厚になり、カードの水分含量はより熟成に適した条件になります。

3つ目の役割は、乳酸菌やカビの生育のコントロールです。一般的にチーズの塩分値は1・5〜2％程度ですが、ブルーチーズでは3〜4・5％と高く設定されています。これは青カビが生育しすぎないように、加塩によって制御して（抑えて）いるのです。一方、白カビの場合は加塩を抑えめにして、生育を妨げない方向に制御して（高めて）います。ただし最近では健康志向のためチーズにも減塩が求められがちですので、チーズの塩味も全般的に薄くなっています。

加塩の役割の4つ目が、旨みをつくり出すためのナトリウムイオンの供給です。熟成が進んでカード中のカゼインが分解されていくと、遊離のアミノ酸がたくさん生成されます。最も多い遊離アミノ酸はグルタミン酸ですが、「旨み」で知られるこのアミノ酸は、じつは単体では酸っぱい味がするのです。グルタミン酸が旨みをもつためには、ナトリウムイオンと結合して旨み成分である「グルタミン酸ナトリウム」に変化しなくてはならないのです。熟成中に食塩が存在することでどんどん旨み成分がふえ、チーズはおいしくなっていくのです。

こうした加塩の4つの役割のうち、1から3までは、砂糖（ショ糖）でも十分に務めることができます。しかし、4つめだけは、砂糖では替わりがきかず、食塩でなければできないのです。チーズづくりには「加糖ではなく加塩が必須」であることを、再度強調しておきたいと思います。

なぜチーズづくりにカビを使うのか

チーズづくりでは、熟成期間に入る前に、カビや酵母をグリーンカードに接種することがあります。これは、スターターとして入れた乳酸菌の発酵能力に加えて、カビの強い発酵能力をも利用して、チーズをよりよく熟成させるためです。

一般に、乳酸菌は大量に増殖すると、みずから産生した乳酸によってpHが下がりすぎ、死んでしまいます。この際に、もしカビが共存していると、カビは乳酸が大好物ですので食べて減らしてくれます。すると乳酸菌はさらに増殖を続けることができ、より多くのタンパク質が分解され、熟成度がアップするというわけです。なおチーズづくりに使用されるのは白カビと青カビだけで、赤やオレンジや黒のカビは使用しません。

チーズづくりに使う白カビは、ペニシリウム・カマンベルティー（*Penicillium camemberti*）が一般的です。胞子は殺菌冷却後のチーズミルクに添加するか、加塩後のグリーンカードの表面に噴霧して接種します。チーズ表面で生育した白カビは、タンパク質分解酵素（プロテアーゼ）を分泌し、熟成を促進します。そのためチーズ組織は柔らかくなり、マッシュルームのような独特の風味を生成します。

チーズづくりに使われる青カビとしては、白カビと同じ族のペニシリウム・ロックフォルティー（*Penicillium roqueforti*）が一般的です。胞子の接種方法は白カビとまったく逆で、グリーンカードの内部に接種します。青カビが分泌する脂肪分解酵素（リパーゼ）は強力で、生成される揮発性遊離脂肪酸やその派生物であるメチルケトンが、特徴的な風味をつくります。

青カビはチーズ内部のカード粒の間隙に生育するので、カードの水分や硬さを調節する必要があります。また、カビは好気性なので酸素が不足すると生えません。そこで、青カビチーズでは熟成中に、直径3～5㎜の針を突き刺して孔をたくさんあけ、空気を送り込んであげるというケアがよくおこなわれています。ですから注意して見ると、青カビチーズの表面に無数の孔があいているのがわかります。そして、その孔に沿って、青カビが外部から内部にきれいに直線上に生えていますので、一度、確認してみてください。

一般的に、カビのもつプロテアーゼやリパーゼの酵素は、乳酸菌の酵素よりも強いものが多いので、カビチーズの熟成期間は乳酸菌だけの熟成よりも短くなります。製造後、食べごろになるまでの期間は、白カビのカマンベールでは3〜4週間（1ヵ月以内）、ブルーでは2ヵ月といわれています。チェダーやゴーダでは4〜6ヵ月を要するのが一般的です。したがって、カビを接種したチーズでは、熟成度の管理にはとくに注意が必要となります。

このほかのカビとしては、伝統的な風味をもつ白カビタイプ、ウォッシュタイプ、ヤギ乳チーズをつくるときに使われるジオトリカム・カンディダム（*Geotrichum candidum*）があります。このカビも、チーズ表面の乳酸を食べてpHを上昇させ、そのあとに生育してくる白カビやリネンス菌などの熟成に有用な好気性細菌の生育に好ましい環境を提供します。ヤギ乳チーズの場合は表皮の形成のためにも重要です。

熟成の手助けをする微生物にはカビだけでなく、酵母もあります。チーズ製造にはあまり酵母は使われませんが、白カビタイプやウォッシュタイプのチーズでは、デバリオマイセス・ハンセニー（*Debaryomyces hansenii*）やクロイベロマイセス・ラクチス（*Kluyveromyces lactis*）などが使用されます。酵母は乳糖からエタノールや二酸化炭素を生成し、チーズ表面の乳酸を食べてpHを低下させ、好気性細菌が棲みやすい環境にしてくれます。また、酵母はエステルをつくり、特徴的な風味形成にも重要な働きをします。

このように、チーズづくりでは乳酸菌とカビや酵母を上手に連携させることで、熟成がより進み、チーズのバリエーションはより多彩になっていきました。おいしさを探求するという人間の尽きせぬ欲望が、微生物まで使いこなすという知恵を生んだわけです。

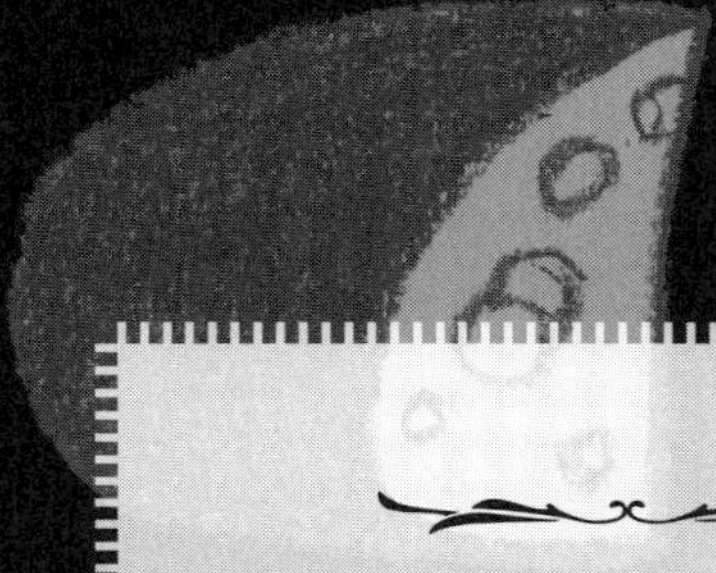

III

チーズの熟成の科学

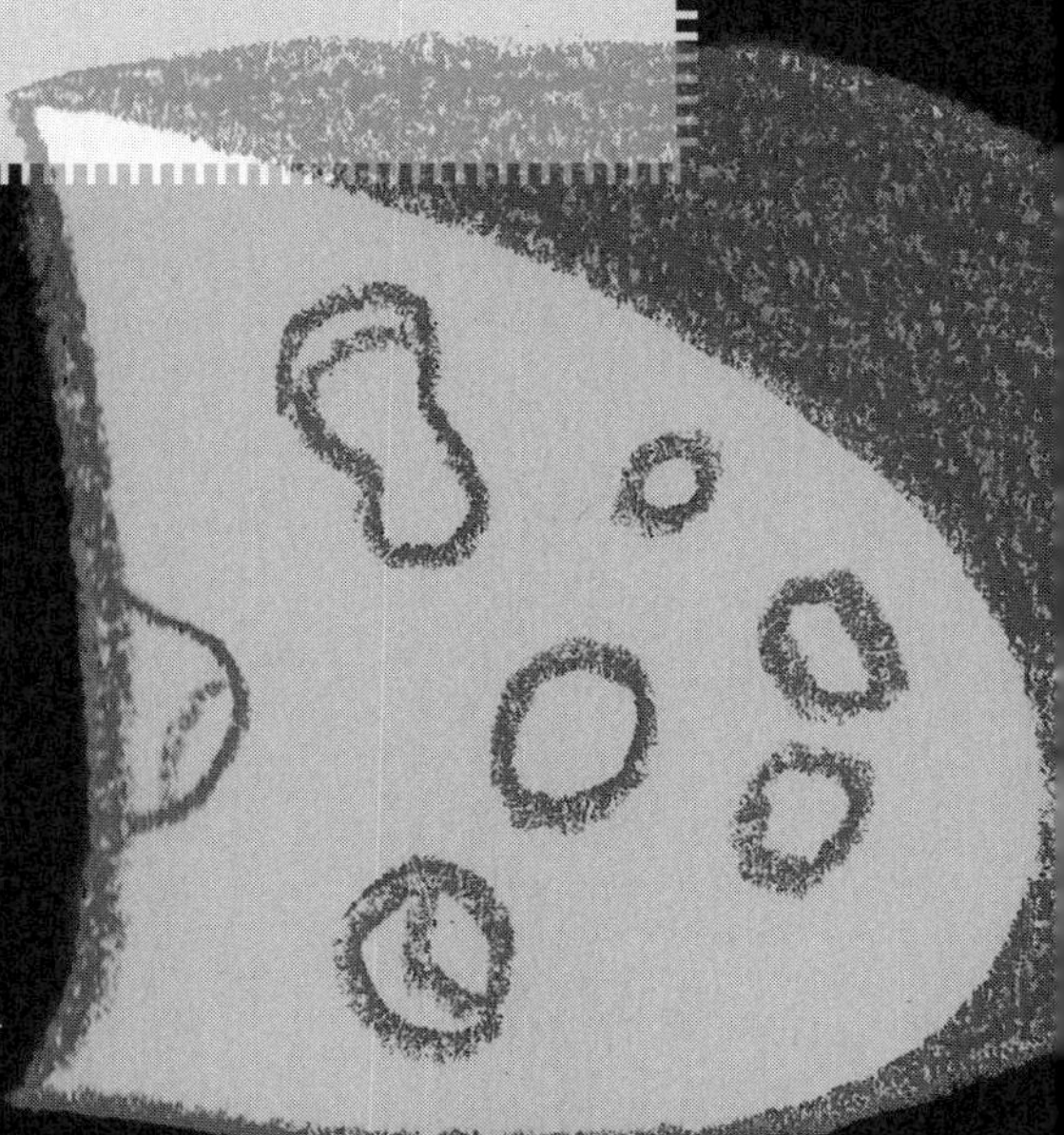

第8章 チーズの味と香りの変化

「おいしさ」は熟成から生まれる

人事を尽くして天命を待つ。私たちの生き方のよき指針となっているこの言葉は、チーズづくりにおいても、あてはまります。加塩までの工程を終えて「人事」を尽くしたグリーンカードは、その後、一定の湿度と温度を保った特別な部屋（熟成庫）に移され、そこで「天命」を待つことになります。すなわち、「熟成」です。

チーズづくりにおける熟成とは、各種チーズに適した温度と湿度の熟成庫に、それぞれのチーズに適した期間だけ保蔵し、チーズ内部での乳酸菌やカビによる発酵を進めることです。それにしても、私たちはなぜ、チーズをすぐに食べるのを我慢して、わざわざ長期間を費やしてまで、熟成という工程を経るのでしょうか？

それは、熟成期間中に水分などの成分が減少するのとは対照的に、増加する成分がたくさんあるからです。一言で言えば、それがチーズの「おいしさ」となるものなのです。

「おいしさ」を生むためには、チーズの風味の変化と、チーズの組織の変化が重要です。熟成にともない風味や組織が変化することで、おいしさが増すことに気がついた先人は、数ヵ月、半年、1年、2年と、チーズがよりおいしくなるまで、辛抱強く待ちつづけたのでしょう。この工程だけは、数千年前も現在もほぼ同じであることには、感動さえおぼえます。どれだけ文明が進歩しても、熟成のための時間だけは、人間がコントロールすることはできないのです。

チーズの個性も熟成から生まれる

チーズの熟成には、長期間の貯蔵が必要です。貯蔵する場所を「カーヴ」（＝洞窟）とも呼びます。チーズを普通の部屋で保存するのでは、温度が高すぎ、かつ湿度が足りないのです。熟成で最も大切なのは、温度と湿度の管理です。

チーズ別の熟成条件を表8－1に示しました。各種チーズの適正温度を見ると、カビ系チーズはいちばん低くて8℃、乳酸菌系のチーズは約10～12℃で、高い場合でも15℃前後に維持されます。一方、湿度はどのチーズでも90％前後に設定されています。ワインの貯蔵庫（ワインカーヴ）は「15℃の温度と75％の湿度が理想」といわれますが、チーズに必要な環境も大きくは変わらないようです。

タイプ	チーズ名	熟成温度（℃）	熟成湿度（%）	熟成期間
シェーブル	サント・モール	12〜14	85〜90	2〜3週間
白カビ	カマンベール	12〜13	85〜90	3〜4週間
青カビ	ロックフォール	8〜10	90〜95	3〜4ヵ月
ウォッシュ	ポン・レヴェック	8〜10	85〜90	5〜8週間
ウォッシュ	リンバーガー	10〜16	90〜95	2ヵ月
セミハード	ゴーダ	10〜13	75〜85	4〜5ヵ月
ハード	グリュイエール	15〜20	90〜95	6〜10ヵ月
ハード	パルミジャーノ・レッジャーノ	12〜18	80〜85	1年以上

表8－1　各チーズの熟成条件

青カビ系で有名なロックフォールチーズを製造する洞窟は、長さ２㎞、幅と深さが３００ｍにもおよぶ、世界最大級のチーズ熟成庫といわれています。古い歴史をもつこの洞窟にはいまも、10社ほどのチーズ製造会社が同居して、熟成に利用しています。「ロックフォールチーズ」と銘打つためには、この洞窟で熟成することがＰＯＤでは義務づけられています。

そのほか、パルミジャーノ・レッジャーノは非常に長い熟成を必要としていて、このような温度と湿度の条件下で、12ヵ月（1年）以上の熟成期間を経てはじめて、おいしいチーズになります。現地のパルマ（イタリア）では、2年もののパルミジャーノ・レッジャーノ（ヴェッキオというマーク）が市場で広く販売されていて、さらに3年もの（ストラヴェッキオのマーク）および4年もの（ストラヴェッキオーネのマーク）といった年代物のパルミジャーノ・レッジャーノもあります。

オランダ産チーズの約60％を占めるゴーダチーズの熟成期間は、通常は4～5ヵ月ですが、1～2年と長期熟成したプレミアムゴーダもあります。

熟成期間には、チーズ組織から水分が蒸発し、乳糖、タンパク質および乳脂肪の分解が進行します。このうち水分の減少は、自然蒸発です。乳糖の減少は、乳酸菌が利用したためです。また、カゼイン（タンパク質）は、乳酸菌や凝乳酵素キモシンおよびプラスミンなどのプロテアーゼ（タンパク質分解酵素）により加水分解されて減少します。そして乳脂肪も、乳酸菌やカビ由来のリパーゼにより分解されて減少します。

しかし、これらの成分はただ減少するだけでなく、分解されて生成した二次成分が、熟成中に再び他の成分と反応して、より風味豊かな化合物をたくさん生成することになります。チーズ表面をワックスなどでコーティングすれば重量の減り方は少なくなりますが、熟成に時間がよりかかるようになるため、コーティングしない（自然の表皮、ナチュラルリンドともいいます）ことが多いのです。

少し変わっているのは、チーズアイ（チーズの目）をもつエメンタールの場合です。このチーズの熟成は2段階があり、最初の3～6週間は温度20～24℃、湿度80～85％の部屋で高温熟成（一次熟成）し、プロピオン酸菌を増やしてガス（二酸化炭素）を出させます。これはチーズアイを形成させるための熟成です。ついで、温度7・2℃以下で湿度85〜90%の部屋で、低温熟成（二次熟成）を6〜12ヵ月おこなうという手間をかけています。

また、白カビやシェーブルなどのソフトタイプのチーズは形が小さく、表面から熟成させるので、とくに湿度の管理が重要とされています。

各種チーズに固有の組織と風味は、こうした熟成を経てはじめて生まれてくるのです。

熟成するとおいしくなる理由を科学する

チーズの熟成にかかわるプロテアーゼ（タンパク質分解酵素）は3種類あります。タンパク質やペプチドの末端から、アミノ酸を1つまたは2つずつ加水分解していく酵素を「エキソペプチダーゼ」と呼びます。エキソペプチダーゼはさらに、N-末端側から切る「アミノペプチダーゼ」と、C-末端側から切る「カルボキシペプチダーゼ」とに分かれます。

一方、タンパク質を内部配列から切る酵素を「エンドペプチダーゼ」と呼びます。

チーズの熟成中には、この3種類の酵素によりカゼインの加水分解が徐々に進み、最終的にはアミノ酸の最終単位にまで分解されます（図8-1）。カゼインはまず、エンドペプチダーゼにより大きく切断され、その後、アミノペプチダーゼによりN-末端から順次、アミノ酸が切り出され、一方、カルボキシペプチダーゼによりC-末端からも順次、アミノ酸が切り出されて、チ

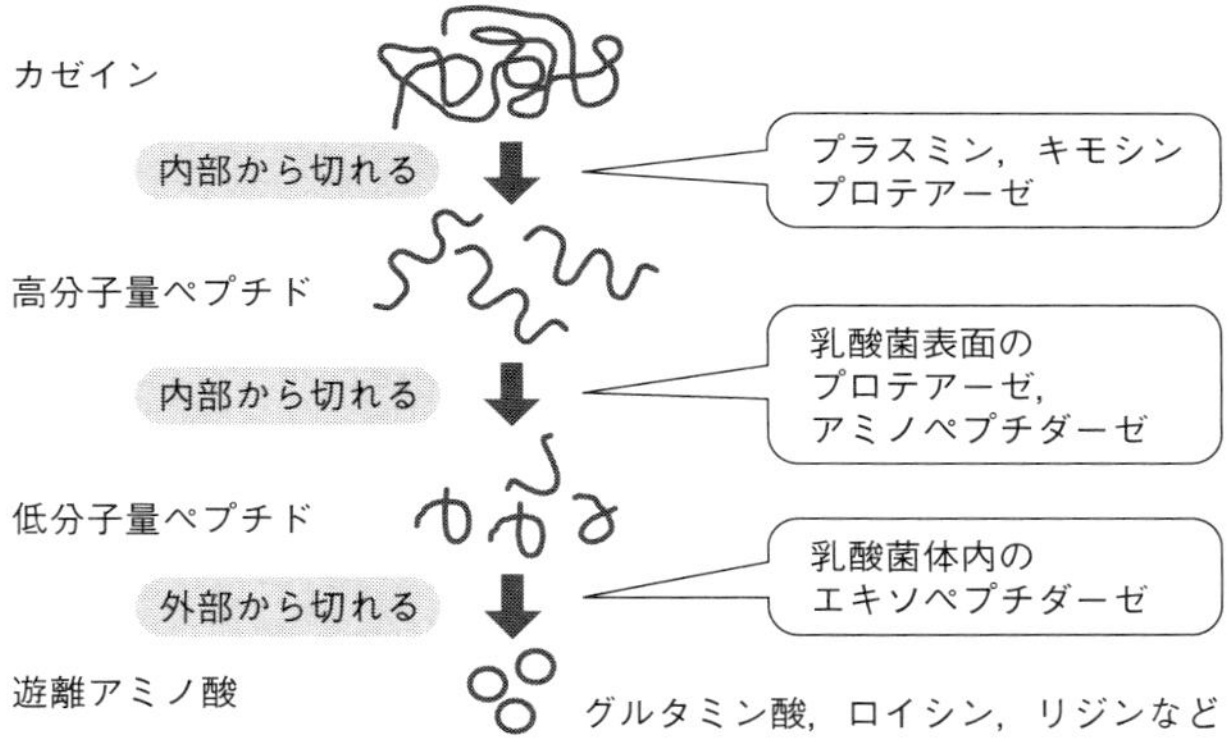

図8－1　カゼインの加水分解

ーズ中にはどんどん遊離のアミノ酸と低分子のペプチドが蓄積していきます。これが化学的にみた熟成のプロセスなのです。

グリーンカードの段階では無味無臭だったカゼインは、この熟成にともない、アミノ酸の味とペプチドの味が複雑に混ざり合った味のする食品に変化していきます。すなわち、チーズです。

熟成されたチーズに独特の、フレッシュチーズでは味わえないおいしさこそが、熟成にともなって増加する味なのです。では、この「おいしさの成分」は何でしょうか？

熟成期間を経ることによって、チーズ中に徐々に遊離のアミノ酸が増えていきます。ゴーダチーズのグリーンカードの段階では、遊離アミノ酸は１００ｇ中にわずか50㎎程度と少量しか含まれませんが、２ヵ月後では２００㎎、４ヵ月後では５００㎎、そして８ヵ月

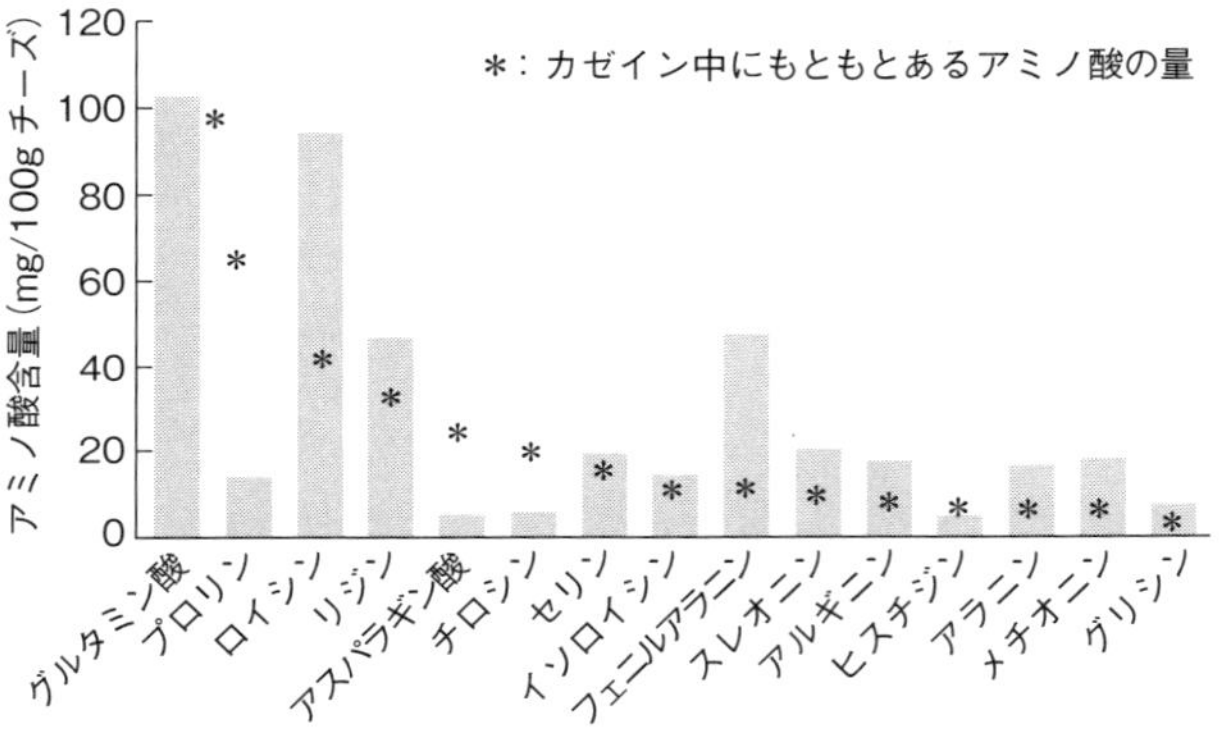

図8－2　ゴーダチーズにおける遊離アミノ酸の種類と量

後には、アミノ酸量はじつに1gを超えます。すなわち、8ヵ月の熟成によって遊離のアミノ酸量が20倍にふえたのです。図8－2は4ヵ月熟成のゴーダチーズにおける遊離のアミノ酸量を示しています。

このことから、チーズが熟成にともなっておいしくなるのは、アミノ酸含量が増加することが原因であると考えられます。ゴーダチーズの場合は、グルタミン酸、ロイシン、リジン、フェニルアラニンの4種類のアミノ酸が、熟成後に突出して増加したことがわかります。この傾向はほかのチーズでもだいたい同じです。

チーズのおいしさの意外な成分

カゼインは20種類のアミノ酸からできていますので、熟成によって遊離するアミノ酸も20種類あると考えられます。それぞれのアミノ酸にはそれぞれの味がありますので、チーズの味とはそれらが混合したものということになります。

では、それぞれのアミノ酸は、単体ではどんな味がするのでしょうか？　表8－2に示したのが、20種類のアミノ酸の味です。

このうちグルタミン酸は、「旨み」のもととしてよく知られています。このアミノ酸を発見した研究者が日本人であることも有名で、誇りを感じます。1907（明治40）年、東京帝国大学理学部化学科の池田菊苗《きくなえ》教授は、昆布だしの中に存在するアミノ酸の1つが、未知のおいしさのもととなる成分であることを発見しました。「グルタミン酸」と命名されたこのアミノ酸は酸性

ロイシン	苦	●
バリン	苦	◎
イソロイシン	苦	○
メチオニン	苦	△
フェニルアラニン	苦	○
トリプトファン	苦	○
ヒスチジン	苦	△
アルギニン	苦	△
スレオニン	甘	●
アラニン	甘	◎
リジン	甘／苦	○
プロリン	甘／苦	●
グリシン	甘	●
アスパラギン酸	酸	●
グルタミン酸	酸	△
アスパラギン	―	
グルタミン	―	
チロシン	―	
システイン	―	

（呈味性の強さ　●＞◎＞○＞△）

表8－2　アミノ酸は単体ではどんな味がするか
（グレー地のものは必須アミノ酸）

アミノ酸に分類され、分子内に2つのカルボキシル基を含む構造をしています。この物質が舌の味覚センサーである味蕾《みらい》に結合して、「旨み」を感じさせるというわけです。しかし化学構造のどこを認識してわれわれが「旨い」と感じるのかは、まだよくわかっていません。「甘み」の場合は、糖の構造において、「甘い」と感じる分子の水酸基どうしの距離が重要であることがわかっていて「トライアングル説」という学説になっています。「旨み」のメカニズムも、グルタミン酸分子と味蕾の受容体との間の距離や、電荷が関係していると推定されています。

旨みは塩味、甘み、苦み、酸味に並んで「第5の味」といわれます。食品科学の分野では世界で通じる専門用語として「Umami」という言葉が用いられ、パリの三ツ星レストランやニューヨークの料理学校でも知られているそうです。

前述の池田教授の研究は、和食のおいしさ、つまり昆布でだしをとるとなぜ「旨い」のかを明らかにしたものでした。しかし、動物性食品である熟成型チーズの「旨み」も同じ成分であることは、大きな驚きです。すなわち「旨み」とは、日本人のみならず世界の人々が昔から共通して感じている味覚であることが、チーズの味の分析からわかったのです。

しかし、もうひとつ驚かされるのは、グルタミン酸は遊離したときのそのままの状態では、単なる酸っぱい味のするアミノ酸であることです（表8－2）。酸っぱいグルタミン酸はその後、熟成期間中にナトリウムイオンと結びついてグルタミン酸ナトリウムの形になると、水溶性が増し、強い旨みを感じられるようになるのです（図8－3）。熟成がいかに重要か、このことからもわかります。

池田教授に勧められてグルタミン酸の商品化に取り組んだのが「味の素」の創業者である鈴木三郎助でした。鈴木は池田とともに、1908（明治41）年にグルタミン酸ソーダ、つまりグルタミン酸ナトリウムの製法特許を取得しました。その翌年、世界初の旨み調味料として「味の素」が誕生したのです。その味は、いまでは50ヵ国以上で製造されるほど、世界的に支持されています。

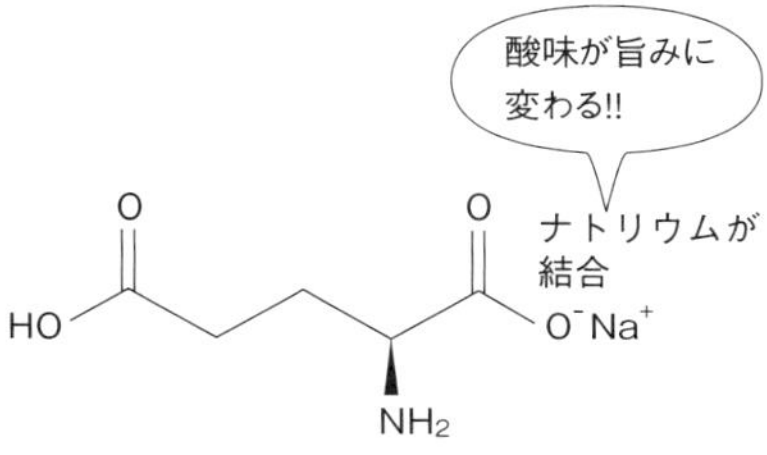

図8－3　グルタミン酸ナトリウムの構造

チーズの味の複雑さ

醤油には100ml中に800mgものグルタミン酸が含まれています。また、名産地で採れた「高級」とされる昆布ほど、グルタミン酸の量が豊富です。これらのことは、旨みの強さはグルタミン酸含量が左右していることを示しています。

しかし、チーズのおいしさや味わい深さがチーズ中の遊離グルタミン酸量だけで決まるかというと、そう単純ではないことを、おいしさの科学は教えてくれます。

一般に、味のもととなる成分を特定する分析には、「オミッション・テスト」という方法を用いています。これは、たとえば「チーズの味」を複数の成分を配合して人工的に再現し、そこから一つずつ構成成分を除いていって、どの物質がチーズの個性的な味わいを決定づけているかを決めるという手法です。

櫻庭雅文氏は著書『アミノ酸の科学』で、ズワイガニの味のオミッション・テストについてわかりやすく説明しています。ズワイガニの肉の味はじつに100種類以上の成分から成っていて、カニ特有の味を決定しているのは複数のアミノ酸、リン酸カルシウムや食塩などのミネラル、さらに核酸系の旨み物質であるイノシン酸なのだそうです。

このうちアミノ酸では、グリシン・アラニンが甘み、アルギニンが苦み、グルタミン酸が旨みを感じさせています。

グリシン、グルタミン酸、イノシン酸を除くと塩味を強く感じるようになり、反面、甘み、こく、旨み、まろやかさなどが減ってしまいます。ズワイガニは旬の時期になると、「甘み系アミノ酸」であるグリシンとアラニンが増加し、「苦み系アミノ酸」のアルギニンが減るために、より甘みが増しておいしく感じられるようになるわけです。

それぞれのアミノ酸の呈味性については、すでに表8-2に示しました。甘みを感じさせるのはグリシン、アラニン、セリン、プロリンおよびスレオニンの5種類に限定されていて、それ以外のほとんどが苦みを感じさせるアミノ酸であることがわかります。チーズでも、これらの遊離アミノ酸が塩類や核酸系の旨み成分と複雑に組み合わさると、さらに複雑な呈味性が形成され、われわれはそれを「チーズの奥深い旨み」として捉えているのだと思います。

まだ実現してはいませんが、チーズのオミッション・テストも、一度は種類別にやってみたいものです。個々のチーズの独特の味は複雑な成分組成からなっていて、遊離のアミノ酸が占める割合は大きいことが予想されます。表8－2を見るかぎりでは、旨み系のグルタミン酸のほかでは、熟成によって大きく増加する、ロイシン、フェニルアラニン、リジンなどはすべて苦み系のアミノ酸です。したがってチーズの味は、全体の遊離アミノ酸の総和としては最も多いグルタミン酸の旨みを強く感じる一方で、その背景では同時に、4種類のアミノ酸による苦みも感じているという複雑な味であることが予想できます。

これは、コーヒーの味の感じ方と似ています。カフェインの苦みの背景に、アミノ酸やオリゴ糖成分などの「甘み」が醸し出す、大人にしかわからない複雑な味のシンフォニーがそこには存在しています。

ペプチドの味もまた複雑怪奇

アミノ酸が結合したものがペプチドです。チーズの熟成期間には、遊離したアミノ酸だけでなく、さまざまなペプチドがカゼイン分子からつくられます。アミノ酸が2つ結合したジペプチド、3つ結合したトリペプチド、4つ結合したテトラペプチドや、より分子量の大きなペプチドなど、無数のペプチド類がつくられ、まさにカゼインは「ペプチドの宝庫」といえます。これらのペプチドが、チーズの味をさらに複雑にしています。どのアミノ酸を組み合わせるとどんな味のペプチドになるかが、まったくわかっていないのです。

第4章で述べたようにカゼインはすべてL‐アミノ酸からできていますから、熟成中に遊離したアミノ酸はほとんどが苦みをもっています。しかし、それら苦み系アミノ酸どうしからなるペプチドが、すべて苦いという確証はありません。苦いアミノ酸どうしの組み合わせなのに、予想もしなかった味を感じさせることもあるのです。

ご存じの方もいらっしゃると思いますが、有名なアミノ酸系の甘み物質があります。1965年にアメリカのサール薬品の研究員が、甘味料とはまったく別の物質であるガストリンの研究のために、ペプチドを化学的にシリーズ合成していました。そのとき、合成したジペプチドの一つが、たまたま研究者の口の周りについたのでなめたところ、非常に甘かったのです。この物質はアスパルチル・フェニルアラニン（Asp-Phe）という構造をしていて、アスパラギン酸（酸味）にフェニルアラニン（弱い苦み）が結合した結果、なんと同じ重量の砂糖の約200倍もの甘みがある強力な甘味料に大変身していたのです（図8‐4）。

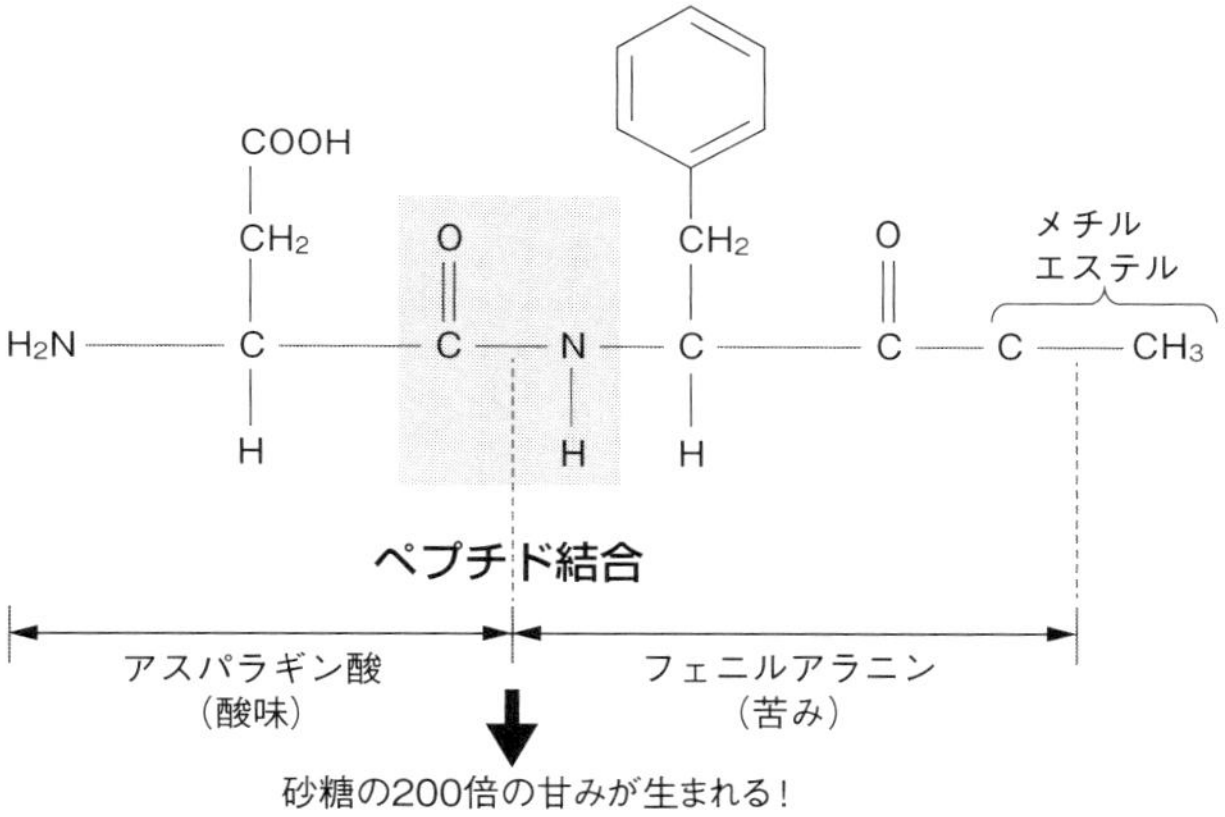

図8－4　アスパルチル・フェニルアラニンの構造

このジペプチドはのちに「アスパルテーム」と命名され、１９８３年からは日本のどこのスーパーマーケットでも購入できるようになり、ホテルなどの喫茶室やレストランでも通常の砂糖と並んで出されています。いまや世界では１２０ヵ国でお菓子や清涼飲料水などに幅広く使用され、年間で約１万４０００トン以上もつくられています。アミノ酸系の甘味料で世界的に製造・販売されているのは、この商品だけでしょう。最近では、このアスパルテームはブドウ糖を含まないことから、糖尿病の人たちにも歓迎されています。

このように、異なる味わいのアミノ酸どうしが結合して、強い甘みを呈する場合もあるのです。つまり1足す1が、2ではないのです。

チーズ中のペプチドは、熟成中に3種類のプロテアーゼにより生成すると考えられます。

①乳中にもともと存在したプラスミン
②凝乳酵素として添加したキモシン
③スターター乳酸菌からのプロテアーゼ

これらがカゼインを複雑に加水分解することで、さまざまなアミノ酸やペプチドが生成するのです。

ただし、再度結着したカードを55℃の温度で加熱するハードチーズの場合は、①および②の酵素は加熱で失活する可能性が大きく、③の乳酸菌由来の酵素によるカゼイン分解がメインと考えてよいでしょう。したがって、1000種類というチーズのバリエーションは、乳酸菌の違いによるものと考えられるわけです。

遺伝的変異体も含めると30種類にも及ぶリン酸化タンパク質であるカゼインの、どの分子のどの部位が切れると、どのようなペプチドがチーズ中に生成するのか、については、じつは詳細な研究が日本も含めて世界中でなされています。ペプチド類にはおいしさに密接に関係する未知のものがまだたくさんあるはずで、将来の研究が楽しみです。

チーズの苦みを消す乳酸菌酵素の威力

ペプチドがどのような味になるかは単純には決まらないとはいえ、熟成により加水分解が進んだカゼインはペプチドの宝庫であり、ペプチドの多くは苦みペプチドなのですから、熟成前のチーズは基本的には苦いものです。では、熟成したおいしいチーズでは、なぜ苦みペプチドの量が減っているのでしょうか？　どのようにして、苦みペプチドをうまく取り除いているのでしょうか？

苦みペプチドの化学構造的な特徴は、カルボキシル基末端付近にイソロイシン、プロリン、バリンなどの疎水性（水に溶けにくい性質）アミノ酸が多く存在していることにあります。苦みは、これらアミノ酸側鎖の疎水性基が、舌の苦み受容体の疎水性基と相互作用して発現すると考えられています。

Neyという研究者は、ペプチドの苦みを、平均疎水性値という値を求めることで予測できることに気づきました。

平均疎水性基をQとすると、Q値が１４００よりも大きいとペプチドは苦く、１３００よりも小さいとペプチドは苦くないと予測できるというのです。ただし、この予測が当てはまるのはペプチドの分子量が６０００以下のときとされています。

たとえば、ゴーダチーズ中の苦みペプチドは図８－５のような構造をしています。疎水性アミノ酸がたくさんつながっていて、いかにも苦そうです。

ここで、苦みを消してくれるという重要な役割を果たすのが乳酸菌です。ある乳酸菌は、熟成

Tyr — Gln — Gln — Pro — Val —

Leu — Gly — Pro — Arg — Gly —

Pro — Phe — Pro — Ile — Ile

図8－5　ゴーダチーズ中の苦みペプチドの構造
（グレーの部分が苦みのある疎水性アミノ酸）

中にチーズ内で増殖し、死滅したあとに、菌体が溶けて内部から「アミノペプチダーゼ」という酵素を出します。

このアミノペプチダーゼには、苦みペプチドのN－末端側からアミノ酸を1つずつ、加水分解して遊離させる働きがあります。この作用が進むと、図8－5の苦みの原因部位が、加水分解されるのです。このため苦みが減少し、より旨みや甘みが前面に出た、角の取れたおいしいチーズが形成されてくるわけです。じつはスターター乳酸菌には、こうした菌を必ず用いているのです。

チーズの熟成においては、このアミノペプチダーゼはきわめて重要な酵素です。この酵素をいかによく出せるかについて十分に検討されて選抜された、優れた乳酸菌がスターヌーとして使用されているのです。

色と味に重要なメイラード反応

チーズ中には少量ですが、熟成の前に除去したホエイにあった乳糖が存在しています。乳糖は乳酸菌の増殖する際に必要なエネルギー源であることは、前にも述べました。乳酸菌はこのほんのわずかな乳糖を頼りに生きながらえ、チーズの中で起こるタンパク質の加水分解反応のほとんどを請け負っています。そのために、グリーンカード中には少量の乳糖が残っている必要があるのです。

ただし、乳糖にはそのほかにも、重要な役割があります。それを化学的にいえば、還元力をもつ乳糖が、アミノ基をもつアミノ酸やペプチドと一緒に存在することで、「メイラード反応」（アミドカルボニル反応ともいう）といわれる、褐色に変化する反応（褐変反応）が起こるのです。これによって、真っ白だったグリーンカードは少しずつ色合いが濃くなって、褐色に近づいていきます。

われわれが食品の味を感じるとき、色は重要な要素です。レッドチェダーやミモレットなどでは、アナトー色素を用いて赤い色をつけますが、これもそのような色調をつけることで、チーズをよりおいしく見せる狙いもあるのだと思います。

しかしメイラード反応は、実際にチーズの味をおいしくすることにも大きく貢献していると推定されています。まだよくわかってはいないのですが、カレーを翌日食べるとおいしさが増すことや、ビールの喉越《のどご》しのよさも、この反応が関係しているといわれています。糖とタンパク質の反応が、チーズの味により複雑さを与えていると考えられるのです。

「加塩」も苦みを抑えている

第7章で「加塩」について説明しました。そのときには述べませんでしたが、製造工程の最後に行う加塩は、じつはチーズの味の決定にも、非常に重要な役割を果たしています。

塩味には、チーズ中に残っている乳糖の甘みや、熟成で生成した遊離アミノ酸の弱い甘みを増強する効果があります。お汁粉やスイカを食べる際に、塩を少し加えることで甘みが増すことを私たちは経験的に知っていますが、まさに加塩にはこの効果があるのです。

何より、熟成期間で最も重要なのは、グルタミン酸からの旨みを引き出すことです。単体では酸っぱいグルタミン酸が旨みをもつには「グルタミン酸ナトリウム」となることが必要なのでしたね。そこで食塩（NaCl）を添加するわけです。食塩はチーズ中の水分に溶けて電離してナトリウムイオンを生じさせ、遊離のグルタミン酸と結びついてグルタミン酸ナトリウムとなり、水溶性が増すことで旨みが強くなるのです。塩味による、これらの甘みや旨みの増強効果により、苦みがマスキングされる（隠される）ことが期待されるわけです。

また、チーズ中のペプチドには、苦みペプチドに加えて甘みペプチド、塩味ペプチド、酸味ペプチドなどの呈味性のペプチドがあり、これらの共存も苦みを低減させることに役立っているようです。たとえば、前述のアスパルテームは典型的な甘み系のジペプチドで、砂糖の200倍もの強い甘みをもっていますので、少量でも苦みをマスキングする能力は高いと思われます。そのほかの呈味性ペプチドにも、おそらく苦み抑制作用をもつものは少なくないはずです。

これらのペプチドは、苦みの「閾値《いきち》（味を感じる最低濃度のこと）」を大きく上昇させることで苦みを抑制していると考えられています。

チーズの香りができるまで

世界中に１０００種類以上あるといわれるチーズには、種類によってそれぞれ独特の香りがあります。たとえば、エメンタールチーズは「上質のクルミの香り」、ゴルゴンゾーラチーズは「パンチの効いた香り」、などと表現することがあります。

最近では、いろいろな食品の香りを、人工的につくり出すことが可能になっています。たとえば「リアクション・フレーバー」という香りがあります。これはブドウ糖と、ある種のアミノ酸を加えて、加熱した際に発生する化学反応（リアクション）による独特の香り（フレーバー）のことです。食品の調理の過程で、素材から出てくる遊離アミノ酸と糖類が加熱反応することにより、さまざまな風味が現れる現象を、人工的に再現したものです。例をあげると、「焼いたチーズの香り」は香ばしく食欲を大いにそそられる香りですが、これはブドウ糖＋イソロイシンの加熱で得られます。また、「焼いたステーキの香り」は、ブドウ糖＋システインの加熱で得られることが知られています。

チーズの熟成期間には、冷やすことはあっても加熱することは絶対にありません。高温になると熟成に必要な乳酸菌やカビなどの微生物は死んでしまい、酵素は失活してしまうからです。チーズ熟成庫の温度は一般的には12℃前後の低温に保たれています。しかし、このような低温であっても熟成中には、チーズの組織中では微生物が遊離アミノ酸に作用して、独特の風味が発生するような「化学反応」が起こっています。したがって、やはり多様で風味豊かなリアクション・フレーバーが少しずつ生成されているのです。

図8－6には、チーズの熟成中に起こるタンパク質、脂肪、炭水化物の分解、およびその後の分子変化の様子を示しました。

タンパク質の主成分であるカゼインは、タンパク質分解酵素の働きでペプチド、アミノ酸と最小単位まで分解されます。ついで、アミノ酸に「脱アミノ反応」が起こるとアミノ基が脱落してケト酸ができ、「ストレッカー分解」が起きるとアルデヒドができ、「脱炭酸反応」が起きるとカルボキシル基が脱落してアミンができます。アンモニアも生成されます。芳香族アミノ酸の分解が起こるとフェノールができ、含硫アミノ酸の分解が起こると硫化水素などの含硫化合物ができ、チーズ特有の風味が出てきます。

また、乳脂肪はリパーゼにより分解されて、遊離の脂肪酸が生成され、その中には揮発性脂肪

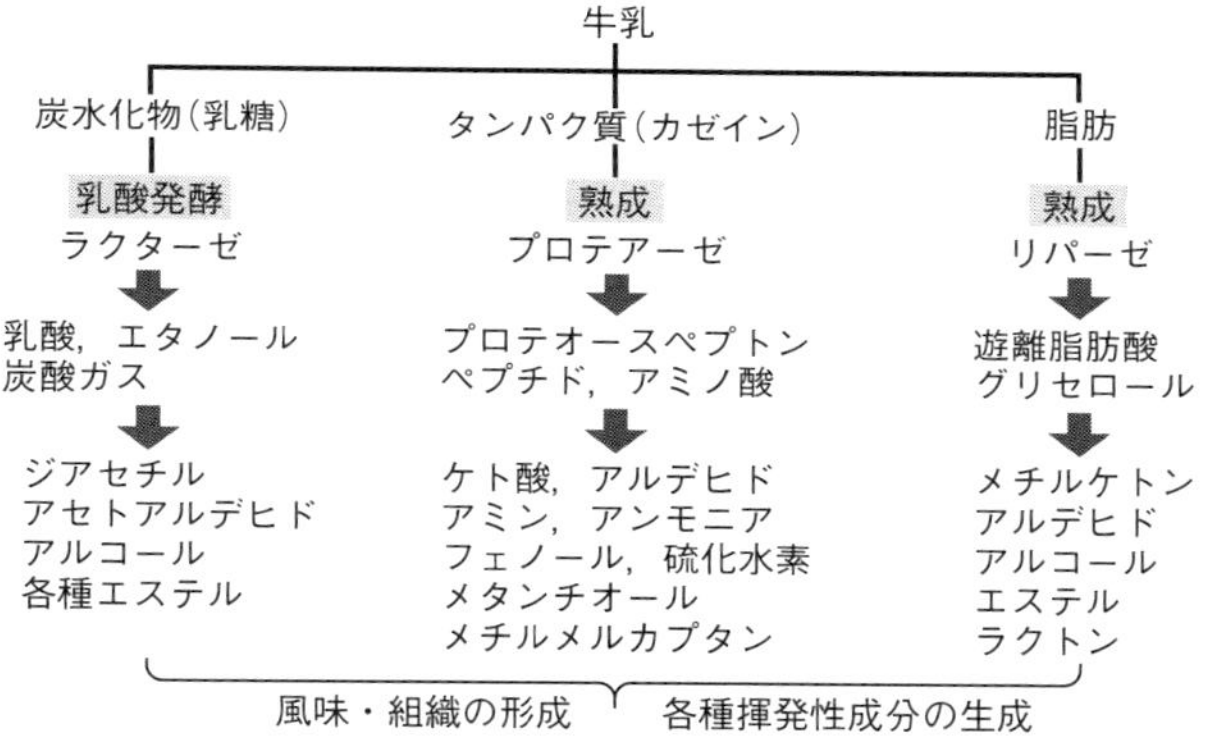

図8－6　チーズの熟成中に3大栄養素に起こる分解と分子変化

酸（VFA）である酪酸やカプロン酸が、また、主要脂肪酸であるオレイン酸やパルミチン酸やステアリン酸が生じます。ウシ、ヒツジ、ヤギなどの間では乳脂肪の脂肪酸組成に大きな違いがあり、ヒツジやヤギではカプロン酸やカプリン酸などが多く、これが牛乳からつくるチーズとは異なる独特の風味の原因となります。脂肪酸からはケトン類もつくられます。

　炭水化物の主成分は乳糖です。乳酸菌が乳糖を栄養に変える（資化する）と、エタノールや炭酸ガスが生成され、複雑な発酵過程を経て、微量のアルコールやアルデヒドをつくります。アルコールは脂肪酸と化合して各種のエステルをつくります。

　これらのアルデヒド、ケトン、脂肪酸、エステルなどは、風味の中の香気（フレーバー）となり、そのチーズの特徴をつくります。たとえば、エメンタールチーズの「上質のクルミの香り」も、このようにしてできるわけです。

チーズの香りを分析すると

チーズの香りを醸し出す成分を分析する方法も、いろいろ改良されてきています。

小泉武夫氏の著書『発酵は力なり』では、食品の匂いの強さを「アラバスター」という測定機器で調べた、興味深い結果が紹介されています。それによれば、世界でいちばん臭い食品はスウェーデンのシュール・ストレンミングという魚の缶詰なのだそうです。そのままでは匂いを示す数値が無限大になってしまうので、希釈して測定しても、8・070という値であったそうです。2番目はホンオ・フェという韓国のエイ料理。これは私も食べた経験があります。鼻を強烈なアンモニア臭が直撃し、涙が出ました。しかし同席した韓国の友人からは、これが食べられるなら韓国人になれるよと大いに褒められたものでした。そして3番目にランクインしているのが、ニュージーランド産のエピキュアーチーズ（缶詰チーズ）です。「世界一臭い果物」といわれるドリアンなど比較にならない強烈な匂いなのだそうで、臭気のガスで缶詰が膨らんで爆発した、飛行機の中で開けて食べたら気絶する人が出た、といったエピソードもあるようです。私はその匂いは未確認なのですが、ぜひ一度は食べてみて、その匂いの成分を分析してみたいものです。

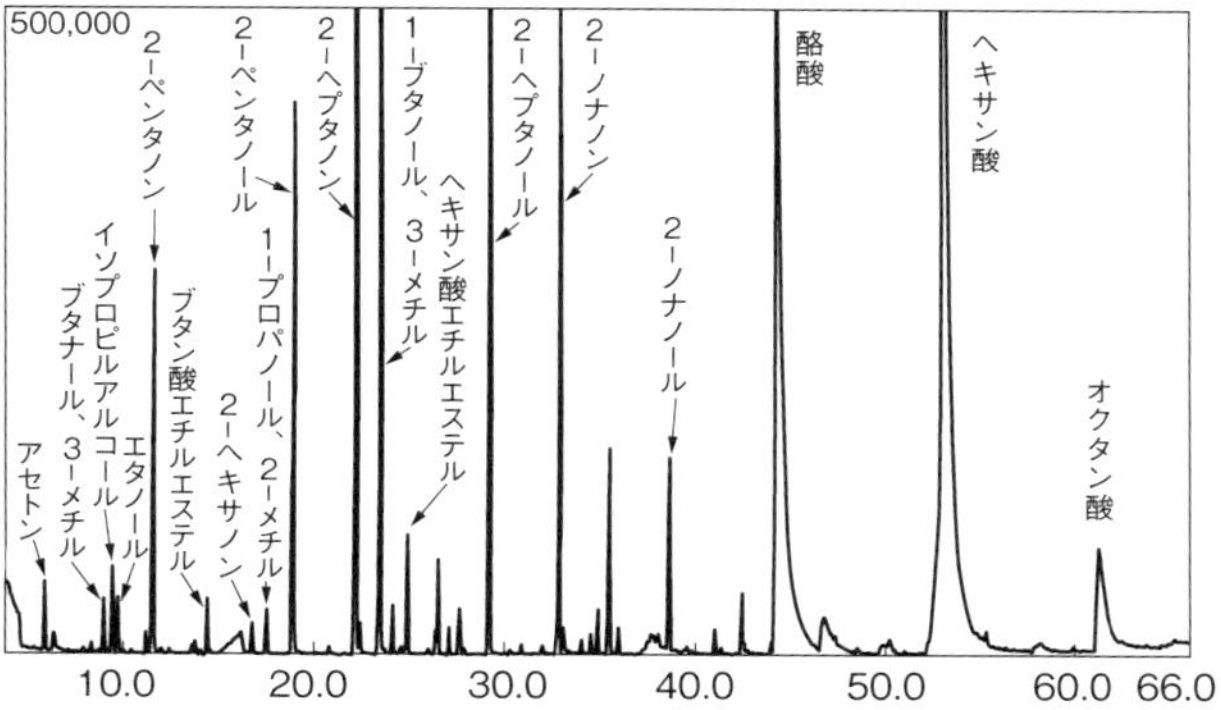

図8－7　ゴルゴンゾーラの揮発成分
（中部大学・根岸晴夫教授の分析）

図8－7は、3大ブルーチーズの一つであるゴルゴンゾーラが自然に放出するあの独特な香気を構成する揮発性成分を、クロマトグラム（検出された情報を電気信号に変換したもの）にして示したものです。青カビの強力な脂肪分解酵素リパーゼによってできた多量の脂肪酸が、アミノ酸や乳糖の分解物と「化学反応」を多段階にわたって起こした結果として、酪酸やヘキサエン酸や多種類のエーテルやエステル化合物など、少なくとも30種類以上の香り成分が検出されました。

これだけ複雑な香り成分があるのですから、ブルーチーズは味だけでなく、香りも相当に濃厚であることがよくわかります。なお、ブルーチーズでは「硫酸ジメチル」が特徴的なフレーバーとして同定されていて、同様にチェダーチーズの香りは「メチルメルカプタン」が、エメンタールチーズの香りは

「プロピオン酸」が特徴づけているとされています。

チーズにもそれぞれの「旬」がある

ナチュラルチーズは乳酸菌が生きていて、菌体からのタンパク質分解酵素（プロテアーゼ）やペプチド分解酵素（ペプチダーゼ）や脂肪分解酵素（リパーゼ）が活性を保っている「動的な」食品です。したがって、旬（食べごろ）をよく見極める必要があります。

カッテージやモッツァレラなどのフレッシュタイプのチーズは新鮮な乳の風味が残っていることと、フレッシュな食感が特徴です。これらを好まれる方は多いと思いますので、つくられてからできるだけ早い時期に食べるのが好ましいと考えられます。

熟成型チーズは、長い熟成の年月を過ごすとおいしさが際立ってきますので、食べごろは2年以上と長くなります。たとえばゴーダチーズなら、若いもので1ヵ月、通常は4～5ヵ月のものを食べますが、12ヵ月、24ヵ月といった熟成タイプのものも市販されていて、濃厚な風味と味わいはやはり、若いチーズと比較すると格段にすばらしいものです。私はオランダの12ヵ月以上熟成のプレミアムゴーダの、なかでもオールド・アムステルダムが好きで、オランダを訪れたら必ず購入しています。

また、すでに述べたようにパルミジャーノ・レッジャーノは製造から12ヵ月以上の熟成を続けて検査に合格すると、その名称の保証書といえる焼き印が与えられ、出荷が可能となります。なかには3年、4年という長期熟成タイプもあり、熟成期間に応じてやはり、おいしさのグレードが上がっていきます。

これら長期熟成型のチーズでは、水分がチーズ表面からどんどん蒸発することで乾燥していきます。このときの表面をよく見ると、ところどころに白い結晶があるのがわかり、食べるとシャリシャリとした食感があります。熟成度がさらに高まると、この白い結晶はチーズの内部にも観察されるようになります。多くの方々は、これを加塩の際に使用した食塩（NaCl）が乾燥により結晶化したものと考えているようですが、じつはこれはチロシンというアミノ酸の結晶で、塩からくはありませんので、ぜひ試してみてください。熟成で蓄積されてきたチロシンは、水に対する溶解性がとくに低いために、結晶化もしやすいのです。チロシンの結晶化は、酵素によるカゼインの分解が進み、旨み系アミノ酸がたくさん生成されていることの証拠です。すなわち、おいしさと熟成度の「指標」と考えられるのです。熟成型チーズの表面に白い結晶がたくさん見えたら、すなわち熟成度の高いおいしそうなチーズというわけです。

また、チーズの熟成をより細かく見ると、熟成が早く進む場所とゆっくりと進む場所がありま す。たとえばカマンベールチーズではグリーンカードの表面に白カビを噴霧して接種するので、カビによる熟成は表面から内部に向かって徐々に進みます。したがって未熟なカマンベールは、外側が熟成していても内部にはまだ「芯」が残っています。このようなチーズが円盤状をしている場合は、内部まで熟成が進むと外部はやや熟成過剰となりますので、特別な切り方と食べ方が求められます。円盤状のチーズをまず直径に沿って半分に切れ目を入れ、全体を放射状に、均一の扇形になるように切っていき、中心部から外部までを一度に食べるようにすると、そのチーズの全体の「旬」を味わうことができます。

ただしプロセスチーズは、チーズを溶融塩と一緒に加熱溶解して殺菌したものですので、乳酸菌は死に、各種酵素も活性を失っています。したがって風味は製造した時点のゴーダやチェダーの風味のまま止まっていて変化しませんので、いつでも食べごろといえるでしょう。

「旬」を見極めるための研究

最近では、複雑な味を検知できる食味センサーの開発が進み、一般的な味覚の持ち主よりもはるかに繊細な「機械の舌」をもつ機器が市販されています。これらを用いて、熟成時期の判定や個々のチーズの食べごろを見分ける研究も進んでいます。

また、テラヘルツ光を使ったチーズの分光分析も、将来的にはチーズの食べごろを的確に教えてくれるかもしれません。テラヘルツ光とは、赤外線と電波の間に位置する電磁波で、波長では概ね３００マイクロメートル前後、周波数に換算すると1テラヘルツ前後の領域を示します。１

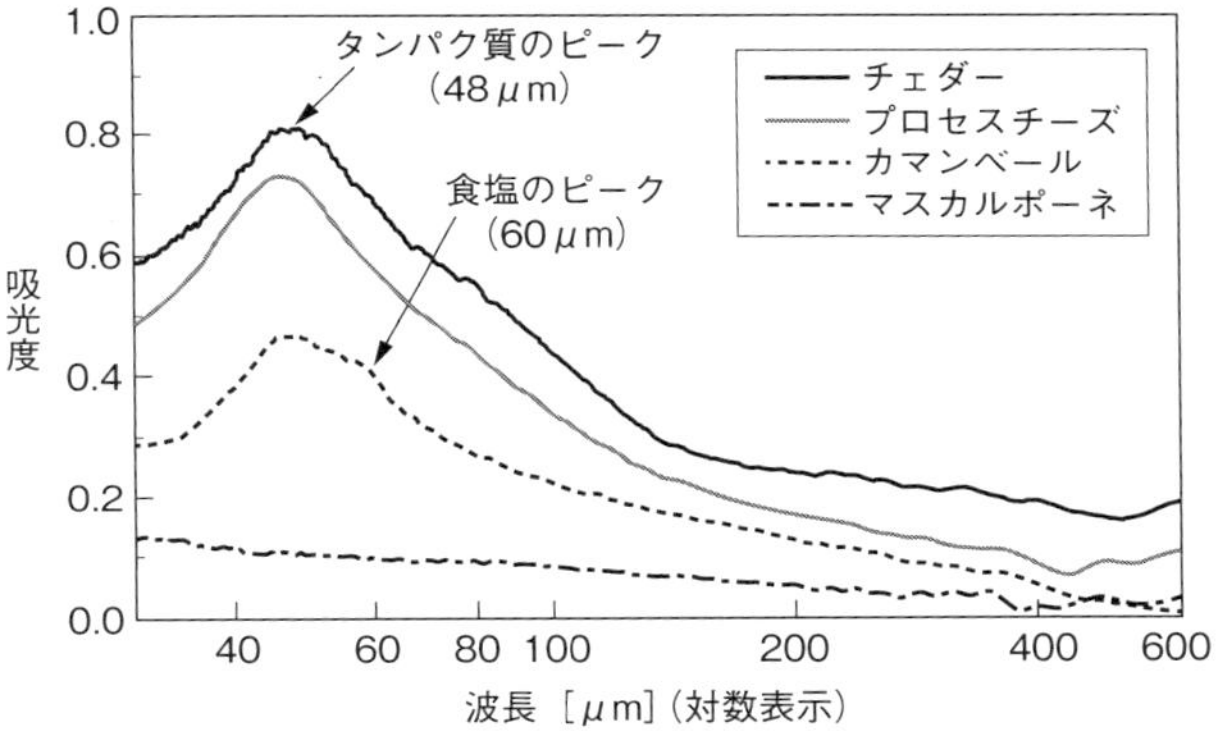

図8－8　4種類のチーズがテラヘルツ光を吸収する様子
（京都大学・小川雄一教授の分析）

テラヘルツは10^{12}乗ヘルツです。テラヘルツ光とチーズの相互作用を調べることで、タンパク質の高次構造や構造変化に関する情報が得られるのです。

図8－8は市販の4種類のチーズを薄く切り出し、分光器で分光スペクトルを調べた結果です。横軸が波長、縦軸が吸光度で、どの波長のテラヘルツ光が大きく吸収されるかを示しています。このグラフには、タンパク質の量や種類、カゼインミセルの高次構造など、さまざまな情報が含まれています。たとえばタンパク含量の高いチーズは、48マイクロメートル付近の波長で吸収の大きなピークが見られます。カマンベールチーズは波長が60マイクロメートルのところにもピークが見られます。これは食塩の吸収ピークと一致します。また、プロセスチーズのスペクトルがチェダーチーズのそれと形状が類似していますが、これはプロセスチーズの主原料がチ

エダーやゴーダチーズだからです。

将来的にはテラヘルツ分析は、チーズの品質や発酵具合（食べごろ）などのモニタリングだけでなく、タンパク質の複雑な構造を分析する新たな研究ツールとしても利用されるでしょう。

しかし、みなさんにとって一番安心なのは、ナチュラルチーズの購入時に、専門家に食べごろのアドバイスを求める方法でしょう。チーズ専門店には、「熟成管理士」の資格をもつチーズソムリエの方がいることが多いと思いますので、ぜひお聞きになってみてください。

チーズ製造は「お金持ちの国」の特権か

チーズには食べごろがあることは説明しましたが、最近の問題は、長い熟成期間を待てなくなっていることです。

たとえばアメリカでは、ピザ用のモッツァレラチーズを製造するのに追われていて、チーズをつくるとすぐに凍結させ、シュレッダーにかけて袋詰めをして、世界のチーズチェーン店に出荷しています。したがって、アメリカでは2年や3年ものの長期熟成型のチーズはなかなかつくることができません。チーズを最も多く生産する国であるアメリカでも、そのようなチーズは外国から輸入をしなくてはならないのです。

超硬質のパルメザンチーズは、前述したように製造してから12ヵ月も経って初めて「パルミジャーノ・レッジャーノ」と名乗ることを許されます。1年間、365日もの時間を必要とするという意味では、ピザやチーズバーガーは「ファストフード」であっても、チーズは「スローフード」だと思います（世にいうスローフードとは意味が違うかもしれませんが）。おいしいチーズを早く食べたいという欲求を我慢するという意味では、禁欲的な食べ物ともいえます。

チーズという食品は、飢饉や食糧危機と隣り合わせの開発が進んでいない国や地域でつくることは、残念ながら難しいと思います。熟成とは、たとえば40kg近くもあるような大きく高価なチーズを何百個も長期間、低温で高い湿度に維持された広い熟成庫に寝かしておくという作業です。当然、設備投資や人件費に多大なコストがかかるので、長期熟成品ほど高価になるわけです。しかし、できあがったチーズを売ってお金にすることができるのはずっと先です。したがってチーズ製造業にはかなりの経済レベルが必要とされ、チーズの製造国と輸出国は、経済発展をとげた先進諸国に偏ってしまうことになるのです。

現在では、熟成温度を一時的に上げる方法（上限で14℃程度）、アジャンクト・スターター（風味生成を速めるための付加的なスターター）の使用、リパーゼの添加などにより、熟成期間を短縮化する方法も考案されていて、広く実用化されています。また、食べごろの時期を早めるための研究も始まっています。

CHEESE COLUMN

ウシは私たちよりグルメ？

日本人には、味覚の鋭さでは欧米人よりも優っていると考えている方が多いのではないでしょうか。ユネスコ無形文化遺産でもある「和食」における繊細な味つけや彩りは、世界のどの料理にも真似ができないと思います。最もグルメな人類は、現在の日本人といってもあながち間違いではないかもしれません。しかし、その日本人よりもウシのほうが味覚にすぐれているといったら、驚かれるでしょうか。

ヒト（成人）の平均的な味蕾の数は、5000個くらいです。では、ウシの味蕾の数はどのくらいだと思われますか？　なんと、約2万5000個！　味蕾の数で比較すると、ウシはヒトの5倍も〝グルメ〟といえるのです。これでは日本人も、かなわないでしょう。

その理由は、ウシの第1胃に毒性物質が入ってくると多くの微生物が死んでしまい、第1胃でおこなっているルーメン発酵（繊維質を消化するための発酵）が止まり、生命が脅かされるからです。毒を体内に入れることを避けるためには、鋭い味覚が必要となるのです。

一方、ネコの味蕾は非常に少なく、500個ほどしかありません。肉食動物であるネコは草食動物と違ってほかの生きた動物を食べるので、腐っているかどうかを判別する必要がありません。また、食べる動物も決まっていて毒がないことはわかっているので、味覚で選り分ける必要がなかったのでしょう。

私はかつて、国際協力機構（JICA）の乳専門家として南米アルゼンチンのコルドバ大学で短期研究指導をしたことがあります。その折にパンパ（大草原）の大農場を視察したとき、ガウチョ（南米のカウボーイ）の一人に聞いたことをいまも鮮明におぼえています。

パンパの肉用牛の放牧地を歩いていると、一見おいしそうな、赤い花をつけた草が一面に点々と残っていることに気づき、理由を尋ねたのです。すると、じつはこの草は毒草なのだと彼は答えました。ウシは毒をもっている草をよく知っており、それだけをきれいに残して草を食《は》んでいるということでした。ウシが言葉を理解できるようになったら、味覚テストの専門パネラーにはウシが採用され、ヒトは失業するかもしれません。

第9章

チーズ組織と物性の変化

ある物質がもっている、物理的な性質のことを「物性」といいます。物理的な性質には、たとえば熱の伝わりやすさ（熱的性質）、電気の伝わりやすさ（電気的性質）、力に対する強度や硬さ（機械的性質）などさまざまな観点がありますが、チーズの場合は組織の密度や、液体に近いか固体に近いかなどが、物性に大きくかかわってきます。

まず、原料となる乳は液体です。しかし凝乳酵素のキモシンを添加してしばらくすると「凝乳」が起こり、目の当たりにした方は誰でも大きな感動を覚えます。このときの組織全体の突然のゲル化（液体から固体に変化する反応）は、衝撃的ともいえるほどの乳の物性の変化なのです。

また、チーズは熟成中には組織の状態が徐々に変化し、とくに白カビ系チーズは熟成が進むと内部はトロッと溶けたような柔らかい組織に大変身します。また、モッツァレラなどを加熱すると、固体だったチーズが突然溶けたかと思うと、やがて糸を引くように伸びます。さらに、裂けるチーズ（ストリングチーズ）はモッツァレラチーズの加熱・引き伸ばし・冷却を繰り返してつくるのですが、その結果、手で引き裂くと無数の糸状にほぐれていく不思議な組織ができあがります。これらもチーズにしか見られない、きわめて特徴的な物性の変化です。

チーズではなぜ、こうした劇的とさえいえる物性変化が起こるのでしょうか？「はじめに」でも述べた、変幻自在に姿を変えることができるチーズならではのこうした能力は、じつはカゼインが生みだしているのです。

戦闘機とカゼイン

チーズの「おいしさ」を感じる重要なファクターはもちろん旨みや香りですが、それに加えて「加熱すると溶けて伸びる」というあの独特の性質も関係しています。

お餅も焼いたり煮たりと加熱すると、組織は伸びますが、このとき伸びているのは澱粉《でんぷん》です。澱粉に「α-澱粉からβ-澱粉へ」という構造変化が起こったからです。ブドウ糖（グルコース）が重合した澱粉という多糖には、そのような加熱による物性変化が起こるというわけです。

チーズが加熱されると溶けて伸びるのは、澱粉ではなくタンパク質の変化であり、糖質はまったく関係していません。そこにはカゼインという世にもまれなタンパク質の特性に隠された秘密があるのです。

世の中には無数のタンパク質が存在しますが、それらはほとんどすべて、加熱すると熱変性を起こし、組織が萎縮して固まってしまいます。しかし、乳タンパク質のカゼインだけはまったく違います。加熱をしても、びくともしません。110℃での10分間の加熱にも耐えられるのです。

私の研究室の2代目の教授である中西武雄先生は、戦時中の物資不足のとき、このカゼインの性質に注目した「カゼイン糊」を用いて戦闘機の翼を接着させる研究をしていた、という逸話が残っています。

奇しくも私の大学時代の卒業論文も、カゼインの一成分であるκ－カゼインの加熱変化でした。前述したようにκ－カゼインは、凝乳に関わる最も重要なタンパク質成分です。これを110℃に加熱するために、カゼインを溶液にして硬い特殊な試験管に入れ、オイルバス（油浴）を用いて加熱する実験を繰り返しました。当時は私も、カゼインはどうしてこんなに熱に強いのかがわからず、真剣に考えていたものでした。

最大の理由は「いいかげんな構造」にあり

では、カゼインの熱に強い性質（耐熱性）はどのようにして獲得されたのか、種明かしをしていきましょう。

Arg^{1}~Asp-Glu-Leu-Gln-Asp-Lys-Ile-His^{50}-Pro-Phe-Ala-Gln-Thr-Gln-Ser-Leu-Val-Tyr^{60}-Pro-Phe-Pro-Gly-Pro-Ile-His-Asn-Ser-Leu^{70}-Pro-Gln-Asn-Ile-Pro-Pro-Leu-Thr-Gln-Tyr^{80}-Pro-Val-Val-Val-Pro-Pro-Phe-Leu-Gln-Pro^{90}-Glu-Val-Met-Gly-Val-Ser-Lys-Glu^{100}-Ala-Met-Ala-Pro-Lys-His-Lys-Glu-Met-Pro^{110}-Phe-Pro-Lys-Tyr-Pro-Val-Glu-Pro~Val^{209}

図9-1　カゼイン分子のアットランダム構造
グレー地の箇所がプロリン（β-カゼインの部分構造を示した）

これは、カゼインを構成するアミノ酸にはとくにプロリンが多く、このプロリンが分子全体に、均質に分散して存在しているというきわめて珍しい性質があるためです。

図9-1は、β-カゼインの分子における、プロリンの存在のしかたを示したものです。このカゼイン分子では、全アミノ酸の中でプロリンは約30%も占めていて、異常に高い存在比を示しています。しかも、その分布には偏りがなく、分子全体に均質に分散していることもわかります。

プロリンがこのように存在しているとどうなるかといえば、このカゼイン分子は第4章でも述べた、しっかりとした強固な立体構造をもたないアットランダム構造となるのです。適当な表現ではありませんが「いいかげんな構造」ということです。じつはこのいいかげんな構造こそが、カゼインが比類のない耐熱性を獲得する原因となっているのです。

このカゼインが集まってできるカゼインサブミセルにも、それが約1000個集まってできるカゼインミセルにも、この耐熱性は受け継がれています。加熱しても硬くならない、すなわち、柔らかい性質が持続するというカゼイン最大の特徴は、この自由に動けるアットランダム構造によって獲得されます。カゼインが加熱すると溶けて、かつ伸びる理由の1つめが、ここにあるのです。

そもそもアットランダム構造は、乳タンパク質のカゼインを子牛が消化しやすいように母牛がそのように生合成したものと考えられます。しかしこれが耐熱性につながるとは、ウシの進化においても想定外だったと思われます。それは、子牛が飲む乳の温度（約39℃）をはるかに超えた温度域での性質だからです。

カゼインの耐熱性の第2、第3の理由

そのほかに、カゼインの耐熱性には次のような理由もあります。

チーズの組織中では、小さなカゼインサブミセルはコロイド状のリン酸カルシウムによってお互いに結合（架橋結合）しています。この構造が、大きなカゼインミセルを支えています（図6－2参照）。そしてチーズのカードはこれらカゼインミセルがお互いに結合して、柔軟なネットワーク構造をとっています。チーズを加熱すると分子運動が盛んとなりますが、この柔軟性は維持されます。小さなサブミセル間の基本的なマトリックス構造は維持されたまま、分子構造だけを変化させて伸びることになるのです。これが、2番目の理由です。少し難しい言葉が多くなり

ましたが、およそのイメージをつかんでいただければ幸いです。

また、くわしくは後述しますが、カゼインには加熱すると溶ける性質（加熱溶解性）があります。一方で、乳に含まれている乳脂肪にも、加熱によって溶ける作用があります。その作用も手伝って、カゼインの分子は、加熱すると繊維のように方向性をそろえて伸びることができるのです。これが3番目の理由です。

この「加熱するとトローリと溶けて伸びる」というカゼインの特別な性質をうまく利用したことが、のちに「裂けるチーズ」という新しい食感の商品の誕生につながりました。

加熱すると溶ける（軟化する）というこの独特の物性はナチュラルチーズに共通するものですが、この性質は、たとえば12ヵ月以上も熟成が進んだパルミジャーノ・レッジャーノでも、失われません。ただし、タンパク質の分解は進んでいるので、さすがに「糸引き性」はありません。したがって、パルミジャーノ・レッジャーノを料理に使うときはおろしてスープに加えたり、パスタやリゾットに散らしたりという形で、イタリアンの基本となる材料として用いられています。

プロセスチーズはどうして加熱しても伸びない？

朝食用にシート状のスライス（薄切り）チーズを買ってきました。パンの上に載せ、オーブントースターで焼きました。あのトローリと溶けるピザトーストのような食感を期待して食べたのですが、まったくチーズが伸びることはなく、がっかりしました——このような経験をおもちの方は少なからずいらっしゃるのではないでしょうか？

じつは、食品販売店では２種類のスライスチーズを販売しているのです。一つは、加熱して食べることを想定せず、サンドイッチにはさんだり、サラダなどに使ったりするスライスチーズ。もう一つは、トーストなどに載せて加熱して、溶けたときの食感と風味を楽しむスライスチーズです。その違いを確かめずに買うと、こういうことになってしまいます。

では、この両者の違いはどこにあるのでしょうか？　２つのスライスチーズの商品表記をよく見比べてみましょう。どちらのチーズにも「プロセスチーズ」とは記載されていますが、じつは使用されている乳化剤の種類と使用量が異なっているのです。

ここで、あらためてプロセスチーズのつくり方を、少しくわしく説明したいと思います。

プロセスチーズとは、ゴーダチーズやチェダーチーズなどの熟成型ナチュラルチーズを細かく切って混ぜ合わせ、そこにクエン酸ナトリウムやリン酸ナトリウムなどの乳化剤（溶融塩ともいいます）を加えて「乳化」し、加熱溶解してつくるチーズです。ここでいう乳化とは、種類の違う混じりあわないチーズ粒子をよく混じりあった状態にすることをいいます。乳等省令（乳及び乳製品の成分規格等に関する省令）という日本の法令の第２条18項では、プロセスチーズは「ナチュラルチーズを粉砕し、加熱溶融し乳化したもの」と定義されています。

高温で加熱するので、ナチュラルチーズ中では生きていた乳酸菌は死に（殺菌）、活性のあった各種の酵素は加熱により活性を失う（失活）ため、味と香りはその時点での風味に固定されてその後も変わりません。

では、どうして2種類のチーズがつくり分けられるのでしょうか。

乳化が進んだプロセスチーズでは、まずカゼインサブミセル間をつなぐ架橋リン酸カルシウムが溶解して、結合が切れはじめます。さらに、カゼイン分子に結合しているカルシウムイオンが、乳化剤（溶融塩）からのナトリウムイオンに徐々に交換されはじめます。その結果、水に溶けないパラカゼインカルシウムよりも、水によく溶けるパラカゼインナトリウムの比率が少しずつ大きくなっていきます。乳化が非常に進んだ段階でのプロセスチーズでは、パラカゼインカルシウムはほとんどがパラカゼインナトリウムに置換されていて、水溶性になってしまいます。するとパラカゼインは加熱しても粘りを生じないために、糸引き性を失ってしまうのです。

スライスチーズを購入するときは、パッケージをよくみてください。加熱すると溶けるタイプかそうでないタイプかは、図案や文字で明記してあります。また、最近では包装フィルムを、溶けないタイプは青、溶けるタイプは赤と区別している商品もあります。

乳化とはなにか

ここでもう少し、プロセスチーズの製造に特有の乳化という作用についてみていきたいと思います。乳化剤としては、クエン酸塩やリン酸塩の溶融塩を使います。これらを加えずに、粉砕したナチュラルチーズだけを混ぜ合わせて加熱しても、タンパク質と脂肪が分離してなじまず、ゴムのように固まってしまって滑らかなチーズ製品にならないのです。

溶融塩がもたらす乳化作用は、専門的に硬い言葉で表現すると、以下の3つのステップで進行することがわかっています。

〈ステップ1〉
溶融塩のナトリウム（Na）とチーズ中のパラカゼインに結合しているカルシウム（Ca）とのイオン交換

〈ステップ2〉
チーズ中のパラカゼインの可溶化と水和

〈ステップ3〉
可溶性タンパク質の増加

それぞれどういうことかは、これから説明しますのでご安心ください。

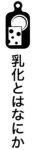

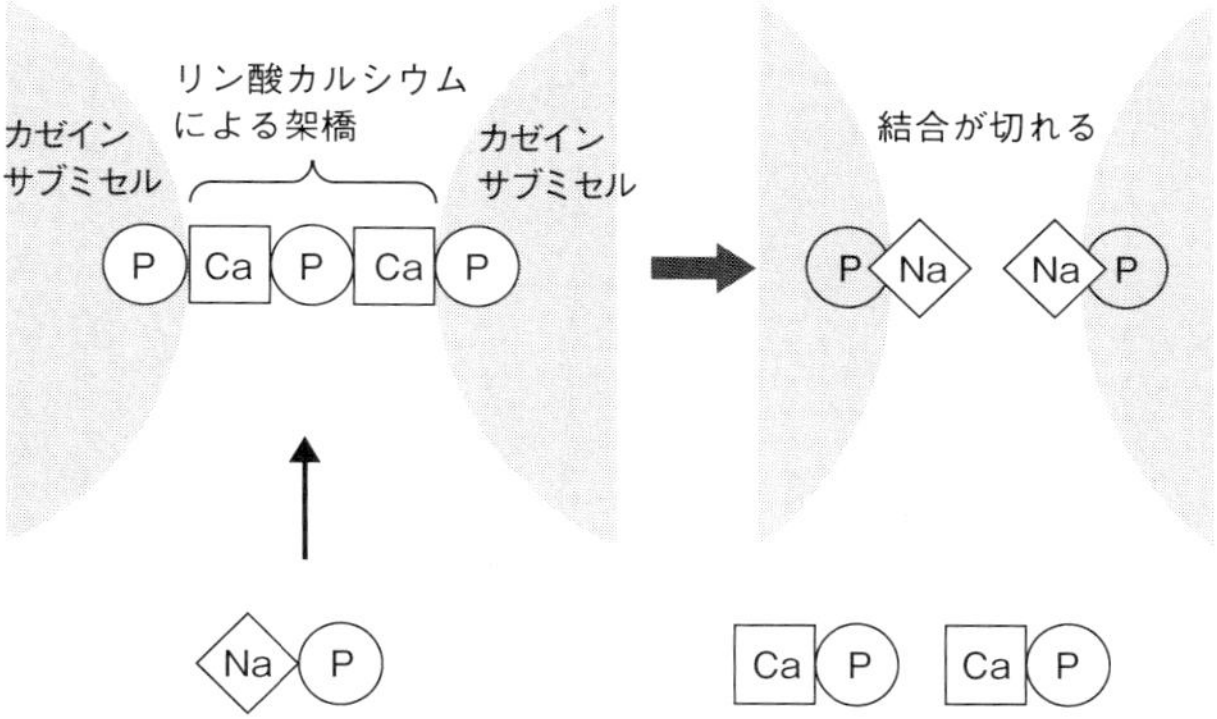

図9-2　チーズ中のナトリウムとカルシウムとのイオン交換のイメージ

ステップ1についてはさきほども簡単に説明しましたが、そのイメージを図9-2に示しました。カゼインミセルはそれぞれのミセルどうしがコロイド状のリン酸カルシウムで架橋されていることで、強く結合していると考えられています。この結合は酸に弱く、ヨーグルトなどの中では乳酸菌がつくった乳酸によって溶けてしまうために、カゼインミセルはその構成成分であるサブミセルまでバラバラになっています。ヨーグルトが加熱しても伸びないのは、サブミセル間の強固な架橋構造が失われてしまっているからです。チーズはヨーグルトほどに酸っぱくはありません。これはヨーグルトほどに酸がつくられていないからで、そのため架橋構造は酸で溶けることなく、しっかりと残っています。これがないと糸引き性は生じません。

しかし、乳化剤の溶融塩が添加されて、ナトリウムイオンがリン酸カルシウムの場所に入り込んで（イオンが交換されるのでイオン交換反応と呼びます）、この強固な架橋構造が少しずつ損なわれてくると、糸引き溶解性は減りはじめます。このイオン交換反応の進行には、pH値も大きく影響します。プロセスチーズの適正なpHの範囲は5・0〜6・5ですが、pHが低いほど、溶融塩の解離が進むため反応は促進されます。一般的にはpH5・3くらいが限界で、これよりpHが下がると糸引き性は失われます。

次のステップ2は、バラバラになったカゼインサブミセルは乳化が進むと水溶性が大きくなって（可溶化）、水に溶けていくということです。カゼインミセルの表面には、凝乳酵素キモシンで切断されたパラ－κ－カゼインが露出しており、分子全体は「パラカゼイン」と呼ばれます。このパラカゼインに結合しているカルシウムが徐々に乳化剤のナトリウムに交換されていくと、サブミセルもだんだんと水に溶けるようになってしまうのです。

ステップ3では、カゼインサブミセルの分解、可溶化によってカゼインそのものが分子レベルで可溶化していくということです。カゼイン分子は両親媒性構造なので、溶融塩の作用でカゼインナトリウムとなり、水に溶けて（水和して）分散します。すると、それ自体が乳化剤として働くことになるのです。そのため、ますますカゼインの乳化反応は進み、もはや糸引き性は完全に失われてしまいます。

こうしてプロセスチーズでは、カゼインサブミセル間のマトリックス構造もなくなり、水に溶けないカゼイン分子も激減しますので、加熱しても糸を引かなくなってしまうのです。

モッツァレラチーズの組織の秘密

加熱によってよく溶けて、糸引き性に富むナチュラルチーズの代表格に、モッツァレラチーズがあります。このチーズを切ったものとトマトのスライスを交互に重ねて、オリーブ油をかけてバジリコを散らした「カプレーゼ」や、このチーズがないとできないピザの定番であり、糸引きが食欲をそそる「マルゲリータ」は有名ですね。

このチーズは熟成させないフレッシュタイプですが、その顕著な加熱溶解性と糸引き性は、どのようにして生まれるのでしょうか。

モッツァレラチーズの原料乳は、本来であれば水牛乳です。イタリアのカンパーニャ州の州都ナポリを代表するチーズは、水牛乳からつくったモッツァレラ・ディ・ブファラです。１９９３年にＤＯＰに認定されてからは、最後に州の名前をつけたモッツァレラ・ディ・ブファラ・カンパーナが正式名称となりました。水牛は牛乳に比べて乳量は少ないですがタンパク質量が多いので、チーズづくりに最適の乳といわれています。しかし最近では水牛乳の安定確保ができなくなってきたので、牛乳を使ったモッツァレラチーズがたくさん製造されています。

まず、モッツァレラのつくり方は次のとおりです。水牛の全乳を低温殺菌し、乳酸発酵しキモシンを加えて凝乳したら、カードを細かく粉砕し、95℃の熱湯を加えていきます。すると、ぼそぼそした細かい粒状だったカードは加熱されるにしたがい、大きな一つの塊となります。そしてその表面は、滑らかに光輝く、ちょうどお餅の生地のようなツルツルの状態になります。80℃くらいになったこの生地を、二人一組で引っ張って伸ばし、引きちぎる（モッツァーレ）作業のあと、塩水の中に落として冷ましていくと、ボール（球）状のモッツァレラチーズが完成します。

このような加熱しながら伸ばすつくり方は、「パスタ・フィラータ製法」あるいは「カード紡ぎ法」と呼ばれています。フィラータには「糸状に裂ける」という意味があり、後述のストリングチーズのつくり方につながります。

では、バラバラだったカードが、加熱することでどうして一体化して、伸びるように「変身」したのでしょうか？

すでに述べたように、カードを構成するカゼインミセルの表面でκ－カゼインがキモシンによって分解されるとパラ・カゼインミセルとなり、表面は疎水的になっています。カゼインミセルどうしがこの状態で結合してマトリックスをつくっていくと、そのネットワーク間ではお互いに引き合うようになります。外からの「引っ張る」という力に対して、抵抗する力を発揮するようになるのです。つまり「粘る」わけです。

一方、マトリックスの中では脂肪球が、油滴の状態で存在していますが、これらは相互に反発しあっていて、引き合うことはありません。

　このようなカードを加熱して、混ぜ合わせてから引っ張ると、タンパク質は抵抗力を発揮しながらも、引き伸ばされていきます。ネットワークの中に含まれている脂肪球や遊離水も、タンパク質の伸びる方向にきれいに並んで伸びて、タンパク質と一体化した形状となっていくわけです。これが、モッツァレラチーズが加熱によりよく溶け、糸引き性を示す科学的な理由です。

　この加熱しながら伸ばす製法はモッツァレラに限らず、プロヴォローネ、スカルモルツァ、カチョカヴァッロなどのチーズにも共通していて、これらのチーズをまとめて「パスタ・フィラータ」と呼ぶこともあります。

ストリングチーズのつくり方と組織の秘密

　手で裂くことができるチーズのことをストリングチーズといいます（図９－３）。初めてこのチーズを食べた方は、その風味よりもまず、チーズの組織が細かく裂けていく、その面白さに魅かれたのではないかと思います。

　日本では１９８０年に雪印乳業より、その名も「ストリングチーズ」という商品名で発売されましたが、その後、よりわかりやすい「さけるチーズ」という商品名に変わりました。このチーズを開発したのは山梨県小淵沢にある雪印メグミルクチーズ研究所です。モッツァレラチーズを製造していて、最終的にできたモッツァレラの組織が「さきいか」のように裂ける組織に変身していることに興味をもち、商品化をめざしたそうです。縦に長い繊維質のこの組織は、貝柱の組織によく似ています。

ストリングチーズはカードを温水中でこねて混ぜ、カード中のタンパク質組織を一方向に引き伸ばし、冷やし、再び加熱して伸ばし、また冷やすという工程を繰り返したあとに硬化させてつくります。チーズの分類としては、モッツァレラと同じ「パスタ・フィラータ」に入ります。

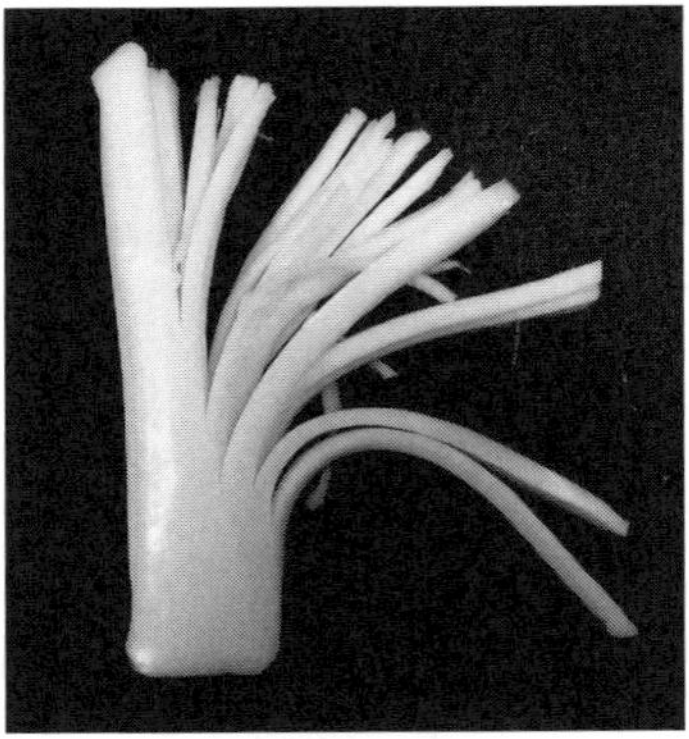
図9－3　ストリングチーズ

なぜこのような組織ができるのかは、モッツァレラでの説明と同様です。表面が疎水的になったパラ・カゼインミセルどうしの結合では、引き伸ばす力に対する反発力による粘りが生まれます。そのために、カゼイン分子の方向が繊維状にきれいにそろって、このような組織ができるのです。ストリングチーズを伸ばした方向に沿って引き裂いた面には、細い糸状のチーズ組織が多数、観察されます。

図9－4に、ストリングチーズの走査電子顕微鏡写真を示しました。aの写真（組織を縦に切

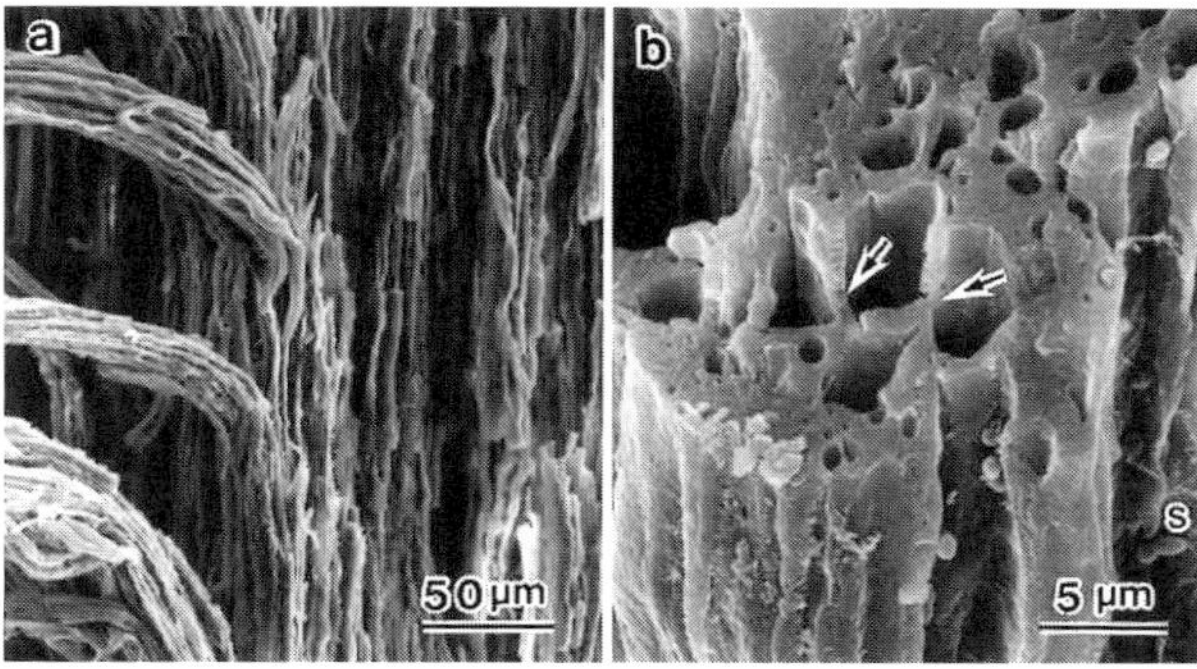

図9－4　ストリングチーズの走査電子顕微鏡写真（木村利昭氏の撮影）
ａ：側面からみたチーズ繊維　ｂ：繊維組織の断面（ｓは乳酸菌）

った面）では、きれいにそろった繊維状のカゼイン分子が観察されます。ｂの写真（組織を横に切った面）では、繊維が一本一本独立した「糸状の構造」は観察されず、タンパク質は連続してつながっています。穴のあいている部分には、実際には脂肪球や、こねて混ぜ合わせた際に入った水が入っていたと考えられます。また、乳酸菌も付着していて、いかにもチーズらしい印象を与えています。矢印の２ヵ所はくびれていて、チーズを縦に裂いたときに最も裂けやすい場所になります。このような箇所で大きく切れ目が入り、このチーズは何本にも細かく裂けていくのです。ａの写真に、細い束の状態で裂けた繊維が３本、写っているのがおわかりでしょうか。

熟成によるマイルドな組織への変化

熟成はチーズの風味だけではなく「組織」という観

点からも重要な工程です。

熟成が開始されたばかりのグリーンカードでは、組織はぼそぼそしており、決しておいしいものではありません。それが、熟成期間を経るにつれてカゼインが分解されると、組織も生まれ変わったようになめらかに変化します。熟成によって、旨み成分のグルタミン酸が増えるだけでなく、組織がマイルドな組織へと変化することが、チーズの完成のために欠かせないのです。

熟成型チーズであるゴーダチーズもチェダーチーズも、このような熟成期間を経ることでカゼインの分解が進み、かなり低分子化しています。しかし、加熱によってチーズ組織が溶ける性質(加熱溶解性)と、糸引き性(粘る性質)は、フレッシュチーズのモッツァレラと比較すると格段に後退しています。

スイスの伝統的な家庭料理の一つであるチーズフォンデュには、有名な2つのチーズが使用されます。グリュイエールとエメンタールです。これらのチーズは加熱すると溶けはしますが、さらに加熱を続けても、タンパク質と脂肪分がそれぞれ分離するだけとなります。しかし、トウモロコシ澱粉であるコーンスターチを少量の白ワインで溶かして、そこに2種類の細かく切ったチーズを加えて煮ると、チーズはなめらかになじみ、クリーミーな組織となるのです。

できあがったフォンデュは温かく保ちながらテーブルに出し、長い柄のフォークに刺したパンや野菜などをつけながら食べます。チーズの特徴的な物性を知り尽くした調理法といえます。

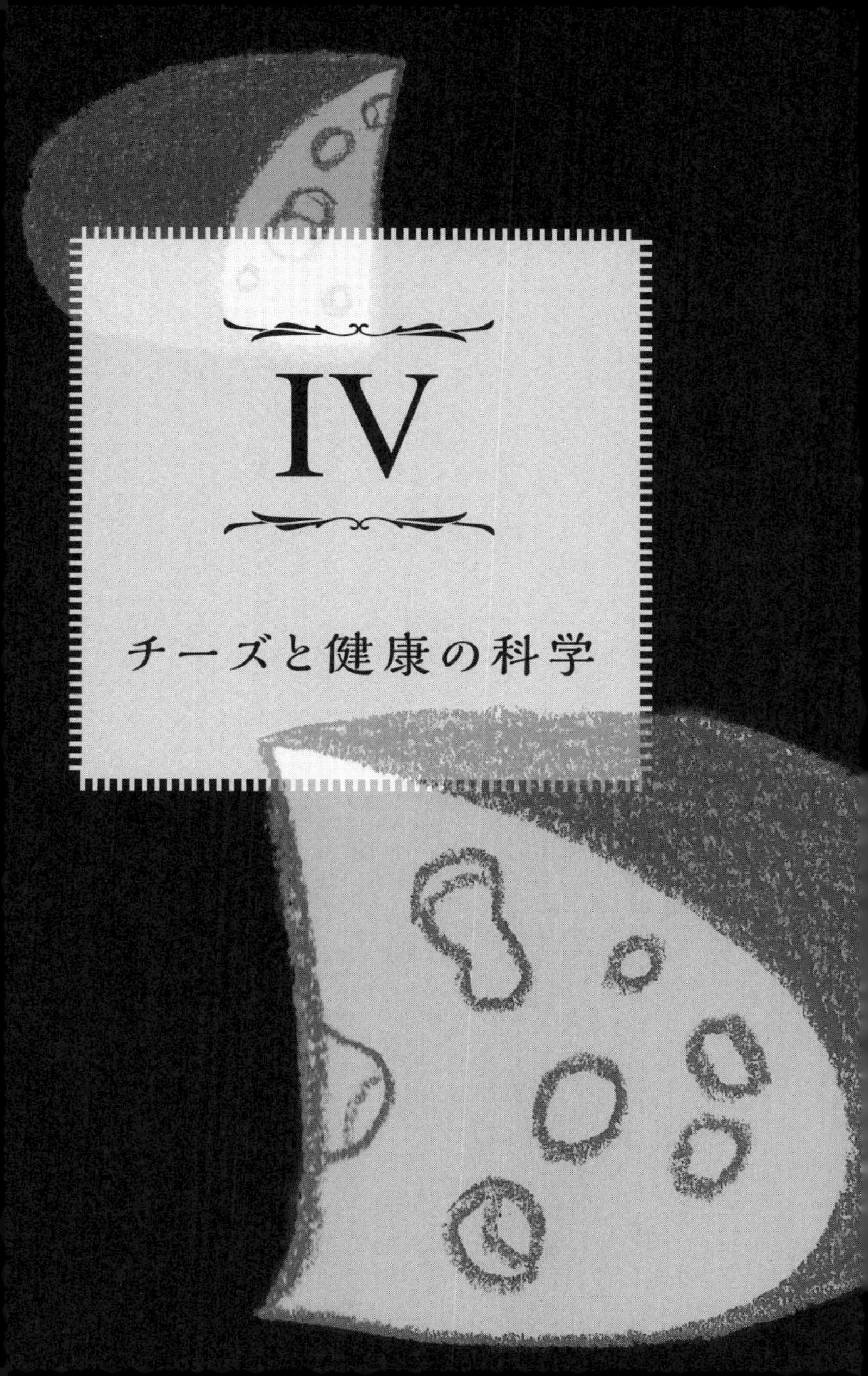

IV

チーズと健康の科学

第10章 これだけわかったチーズの機能性

チーズは水分を除くと、乳タンパク質であるカゼインと乳脂肪がだいたい1：1の割合になっている食品です。また、熟成に入る前には「加塩」をするため塩分も含まれます。

このことから、チーズはタンパク質も豊富だけれど、脂肪分や塩分含量も高いものが多いと考えられがちで、メタボリックシンドロームや高血圧の傾向がある方に敬遠されることも少なくないようです。これまでの栄養学の考え方からは、そのような心配もよく理解できます。

しかしながら、最近のチーズの機能性研究では、熟成型チーズにはいろいろな機能をもつペプチド類が豊富に含まれていること、また、高いカルシウム含量には抗肥満効果があり、虫歯の予防にも効果を示すなど、健康によい知られざる機能がたくさんあることがわかってきました。

一般に、食品が示す機能性としては、一次機能、二次機能そして三次機能が知られています。一次機能は「栄養機能」とも呼ばれ、カロリー、タンパク質、脂肪、糖質、ビタミンなどの、生体に必要な栄養素を補給して生命を維持する機能です。

二次機能は「嗜好・食感機能」とも呼ばれ、色、味、香り、歯ごたえ、舌触りなど、食べたときにおいしさを感じさせる機能です。

三次機能は「健康性機能・生体調節機能」とも呼ばれ、生体防御、体調リズムの調節、老化制御、疾患の防止、疾病の回復調節など、生体の健康を維持・増進し、調節する機能です。

ここでは、チーズが私たちの健康を維持・増進する機能、すなわち三次機能について紹介していくことにします。

チーズは骨粗鬆症を防ぐ「高齢者の救世主」

これまで何度か述べたように、チーズの組織中ではカゼインサブミセルがお互いに、リン酸カルシウムによるネットワーク構造を保って結合しているため、多量のカルシウムが保持されています。チーズは「カルシウムの宝庫」ともいえるのです。これは、ナチュラルチーズでもプロセスチーズでも同じです。

女子栄養大学の上西一弘教授の研究では、乳・乳製品からのカルシウムの吸収性は約40％であることがわかっています。これは、魚類（約30％）や野菜類（約19％）よりも高い数値です。乳・乳製品はなぜこれほどカルシウム吸収性が高いのかは謎だったのですが、近年では少しずつ、その理由が科学的に明らかにされつつあります。

理由の一つは、チーズの熟成過程で主にβ‐カゼインから生じる「カゼインホスホペプチド」(Casein Phosphopeptides：以下はCPPと略す)の働きにあります。この成分は、分子内にリン酸化された複数のセリンというアミノ酸を含んでいて、そこに腸内でカルシウムイオンが結合すると可溶化して、腸管からのカルシウムの吸収を助けるのです。

副甲状腺ホルモン(PTH)には、骨の形成を抑制する作用があります。しかし、チーズを食べたあとの血中のPTH濃度を調べたところ、チーズにはPTHの産生量を抑制し、骨のカルシウム吸収を促進する作用が優れていることがわかりました。

また、チーズの原料である乳には、「乳塩基性タンパク質」(Milk Basic Proteins：以下MBP)と呼ばれる成分が含まれています。MBPの特徴は、「等電点」が塩基性である多数のタンパク質からなることです。等電点とは、アミノ酸やタンパク質などの両性電解質の電荷がゼロになるような水素イオン濃度のことで、等電点ではタンパク質はさまざまな性質を示します。

MBPは雪印メグミルクのミルクサイエンス研究所で発見されました。MBPには骨を形成する骨芽細胞の働きを高め、また、コラーゲンの産生性も高める作用があることがわかりました。逆に、骨を破壊する破骨細胞の過剰な働きを抑制する作用や、骨代謝のバランスを整える作用もあると考えられています。MBPが骨健康に有用であることは、動物実験やヒト臨床試験で実際に確かめられています。

おおざっぱに見積もれば、チーズは牛乳を約10倍濃縮してつくられた食品と考えられますから、チーズ中のカルシウムも牛乳のおよそ10倍含まれていると考えられます。したがって、チーズは少量で高濃度のカルシウムを摂取でき、しかも消化の過程でカルシウム吸収を促進するＣＰＰを生成し、またＭＢＰを含むこと、しかもカルシウムの吸収を阻害する食物繊維などを含まないことから、カルシウムを摂るためには理想的な食品と考えられます。

日本人は世界の平均と比べて、カルシウムが欠乏しがちなことはよく知られています。日常の飲料水はカルシウム量が少ない軟水であり、国産の米や農作物にもカルシウム量が少ないからです。日本人にとってチーズは推奨されるべき食品であることがわかります。

さらに近年では、高齢者の増加にともなって骨粗鬆症の人も急増しています。また、無理なダイエットによる痩せすぎの女性が、日本には世界でも顕著に多いという統計があります。骨量や骨密度低下を防止するためにも、チーズは救世主となりうると思います。

チーズは血圧上昇を抑える

熟成型のチーズには、カゼイン分解物としてのペプチド類がたくさん含まれています。チーズの熟成中に、もともと乳中に含まれていたプロテアーゼであるプラスミン、凝乳酵素として加えたキモシン、および増殖した乳酸菌からの溶菌プロテアーゼ酵素などの総合的な加水分解作用により、多種類のペプチドが生じるためです。チーズは「ペプチドの宝庫」でもあるのです。

これらの中に、血圧を下げる作用をもつ「降圧ペプチド」が、多数発見されています。血圧を制御する機構はなかなか複雑なのですが、肺や動脈内皮に存在するアンジオテンシンⅠ変換酵素（ＡＣＥ）の活性を抑える（阻害する）ことができれば、その結果として、血圧降下が大いに期待できます。

筆者らは、各種の熟成型チーズからペプチドを単離して、ＡＣＥ活性を阻害するペプチドを探索しました。高血圧を発症させたラットにさまざまなペプチドを食べさせて、実際に血圧を下げる作用を示すペプチドを特定したのです。これらのペプチドを食べると、腸管から分解吸収され、血液中を移動してＡＣＥに結合し、その構造を変化させることで血管収縮作用を示すアンジオテンシンⅡの生成を抑え、血圧を下げるというメカニズムがあると考えられました。

こうしたチーズの血圧降下作用はあまり知られていませんでしたので、大いに注目される研究となりました。

チーズのカルシウムに期待されるダイエット効果

アメリカでは、動脈硬化性疾患の危険性を高める複合型リスク症候群、いわゆる「メタボリックシンドローム」にあてはまる人が、成人の25％、60歳以上では50％に達するという驚くべきデータが報告されています。日本でも、40～49歳の男性の約35％、50～59歳の女性の約22％がBMI値25以上の「メタボ」あるいはその予備軍であると指摘されています（平成25年国民健康栄養調査）。

これまで、チーズとメタボの関係は、チーズには脂肪が多いため肥満の原因となりやすく、避けたほうがよい食品と考えられてきました。しかし、乳脂肪は揮発性脂肪酸や中鎖脂肪酸も多いことから、消化過程で分解しやすく、蓄積しにくいことがわかってきました。

さらに、アメリカのテネシー大学でゼメル教授が２００４年に手がけた最新の研究成果は注目すべきものです。さまざまな量のカルシウムを、一方はサプリメントとして、もう一方は乳製品として肥満者に与えた結果、乳製品として与えた場合に、とくに体重の減少が認められることがわかったのです。なかでも、この研究結果において重要な指摘は、幼児期に乳製品をきちんと摂取すると、その後、18歳頃まで体脂肪が蓄積しにくい体質がつくられる傾向があるということです。

カルシウムがメタボを防止する効果を示す機構についてはまだ不明の点がありますが、脂肪細胞内の代謝を制御し、脂肪分解を促進するなどのメカニズムが推定されています。

知られざる虫歯予防効果

虫歯の予防に硬質チーズが有効であることは、日本ではほとんど知られていないでしょう。企業広告などでも、筆者は目にした覚えがありません。

しかし欧米では、チーズの虫歯予防効果は古くから知られており、たくさんの研究報告があります。たとえば10％砂糖液で口をすすいだあと、5gのチェダーチーズを噛むと、歯のエナメル質（ハイドロキシアパタイト）の脱灰（ミネラルが溶解して歯に穴があくこと）が抑えられ、歯垢のpHが上昇したという結果が71％の被験者で認められたという報告があります。プロセスチーズにも、ナチュラルチーズと同様の作用があることが知られています。

このような作用においても重要なのが、チーズ組織のカゼインサブミセル間を架橋しているリン酸カルシウムです。虫歯によって脱灰が起こった際、生じた穴を塞ぐ（再石灰化）化学的成分はリン酸カルシウムの存在です。この成分は口腔内の酸性の環境下では、溶解度が上がり溶けだします。それがエナメル質の脱灰化を減少させるというしくみが推定されています。

また、チーズの主成分であるカゼインタンパク質そのものにも、虫歯予防の作用があると考えられています。それは、カゼインが歯のエナメル質表面に吸着して、分子のもつ緩衝能により、急激なpHの低下を防ぐことで、歯が保護されるからではないかと考えられています。この作用は、前述したようにカゼインが親水性領域と疎水性領域をともに分子中にもつ「両親媒性構造」をとっているために、歯の表面に疎水領域が結合し、一種のバイオフィルムのようになるためではないか、と推定されています。これにより、虫歯菌などの付着が抑えられるのだろうというわけです。

さらに、チーズを噛むことにより唾液分泌が促進されることで、その中のリゾチーム（抗菌成分）の殺菌作用や、唾液が歯の表面を洗浄してプラーク（歯垢）のpH低下を抑える作用も考えられています。とくに硬質チーズの虫歯予防効果がより高いことも、よく噛むために大量の唾液が出るためと考えられています。

世界保健機関（WHO）は、さまざまな疾病と食品の関係について、多くの研究論文を検討し、その科学的な確かさについて「確定的」「高い可能性あり」「可能性あり」などの4段階に分類しています。フッ素を歯の表面に塗布する対応（フッ素コート）が「確定的」とされていて、硬質チーズの虫歯予防効果はその次の「高い可能性あり」に、シュガーレスガムと並んで分類されています。「可能性あり」に分類されている牛乳、キシリトール、食物繊維よりも上位なのです。したがって、食品の中でチーズは、科学的に虫歯効果が最も高いものの一つなのです。

食後にチーズを食べることで虫歯が予防できるなら、すばらしいことだと思います。ただし、歯磨きをしなくてもよいという話ではないようですので、過信は禁物です。

認知症の予防にも有効という新研究

日本は急速な高齢化が進み、アルツハイマー病をはじめとする認知症が大きな社会的関心事となっています。いまのところ、この疾病の発症原因やすぐれた治療法は見つかっていませんが、２０１５年、キリンビール株式会社らの研究グループは、カマンベールチーズの摂取が、アルツハイマー病の予防に効果があることをモデルマウスで確認し、２つの有効成分を発見しました。

この研究では、認知機能低下の原因とされるアミロイドβという老廃物と、それを除去するミクログリアという免疫細胞に着目しました。加齢にともない、脳内ではアミロイドβが日々たまっていきますが、通常それは、ミクログリアの働きによって除去されています。しかし、除去しきれないほど沈着すると、脳の働きをつかさどるニューロン（神経細胞）の情報伝達が正しくおこなわれなくなり、記憶や認知機能が維持できなくなります。

そこで研究グループは、脳内の〝お掃除役〟であるミクログリアを活性化させる有効成分を探しました。古くから「チーズなどの発酵食品を食べる習慣のある人は老後の認知機能が高い」という疫学的な報告が国内外にあったことから、研究対象にチーズを選定し、アルツハイマー病の症状が自然発生するモデルマウスを使って、アミロイドβを除去する活性の度合いや、脳内の炎症状態を抑制する効果を調べました。

その結果、白カビで発酵させたカマンベールや、青カビで発酵させたブルーチーズに、アミロイドβを有意に減少させる効果が認められました。最終的には、「オレイン酸アミド」と「デヒドロエルゴステロール」という2つの有効成分を同定することに、ついに成功したのです。前者は、乳脂肪に2番目に多く含まれる不飽和脂肪酸であるオレイン酸に由来する成分で、チーズが熟成する途中で発生したアンモニアとオレイン酸が白カビの酵素で反応し、生成されたものでした。また、後者は、牛乳にもともと含まれていたエルゴステロールがカビの酵素の作用でできたものでした。

チーズの発酵が進んで熟成していく過程では、たくさんの有用な成分が生成しますが、これほどきちんと成分が特定された例は少なく、日本発の非常にすぐれた研究成果といえるでしょう。

チーズとヨーグルトの健康効果の違い

ヨーグルトもチーズも、乳を材料とし、乳酸発酵を経てつくられる乳製品です。そしてどちらも、いわゆる「健康によい食品」と考えられることでも共通しています。しかし、どのようなかたちで健康に寄与しているかは、かなり異なっています。

ごく大まかに表現してみますと、ヨーグルトは乳酸菌やビフィズス菌などの有用な菌をとることで、整腸作用を期待するための食品でしょう。一方、チーズは良質のタンパク質とカルシウムをとるための食品といえると思います。

最近のヨーグルトは、いろいろな機能をもつプロバイオティクスと呼ばれる乳酸桿《かん》菌やビフィズス菌を用いた機能性ヨーグルトとして市販されていることが多くなっています。ピロリ菌の生育を抑制して胃を守ったり、菌体外につくり出すリン酸化多糖によりNK細胞の活性を上げることでインフルエンザを予防したり、肥満を抑えるなどの機能も報告されています。

一方、チーズにもたくさんの機能性が報告されていますが、それらはカゼインの分解によって生じたアミノ酸やペプチドによる効果です。前述したCPPや降圧ペプチドなどに代表される、機能性ペプチドをたくさん含んでいるからです。しかし最近では、後述するようにチーズの組織に機能性のある乳酸菌などを練り込む商品も登場していますので、これからは、両者は機能的に近づいていくのかもしれません。

ホエイの利用法さまざま

熟成型チーズの製造工程では、第Ⅱ部で述べたようにホエイは排除され、有効利用はされていません。世界中の多くの工場で、ホエイは廃棄されています。

しかし、ホエイには筋肉増強に働く分岐鎖アミノ酸（BCAA）としてのロイシンやイソロイシンが多量に含まれていることも述べました。これを捨ててしまうのはもったいないことです。

そこで、ホエイに流出するホエイタンパク質を、カードに取り込ませるという方法が開発されつつあります。限外濾過（ＵＦ）膜を使ってチーズミルクを濃縮し、ホエイタンパク質を取り込んで、凝乳後のカゼイン中のホエイタンパク質量を増強しようという作戦です。

この製法により、「サルコペニア（筋肉減少症）」と呼ばれる筋肉量が減少する一連の症状への対策となる機能性チーズも提案されています。

この膜技術によってホエイタンパク質の濃度を34％まで高めた「ＷＰＣ34」と呼ばれる製品は、脱脂乳と性状が似ていて、牛乳の代わりに食品に入れるなどして利用されています。さらにホエイのタンパク質濃度を90％以上まで高めた「ＷＰＩ90」と呼ばれる製品は、卵白タンパク質と性状（起泡性、乳化特性など）が似てくるので、高価な卵白の代替品としても使用できるようになります。実際にはハムの結着剤や高級ドレッシング類に多用されています。

この膜技術を利用して、すでにチーズホエイを用いたチーズドリンクや、加糖して加熱濃縮した乳清ジャムが、日本でも商品化されています。また、お茶を煎じた残りの茶葉にホエイを加えて発酵させた、新しいエコフィード飼料も開発されています。

生ハム（プロシュート）の産地として名高いイタリアのパルマでは、飼育しているブタに、パルミジャーノ・レッジャーノの製造時に排出されるホエイを飲ませていることで有名です。こうしたホエイ豚の育成もホエイの高度利用といえるでしょう。

ホエイタンパク質には、別の利用法も見いだされています。最近では欧米を中心に、健康志向の高まりから低脂肪チーズの人気が上昇し、新しい製造法が開発されています。脂肪を減らすかわりに、ホエイ除去を抑えて一定の水分含量を保持させるという方法です。さらに、水分含量を高めるかわりに脂肪代替品を使用することも検討されていて、そこで、非常に細かくしたホエイタンパク質が注目されているのです。この方法なら、筋肉量の増加も期待できます。

なお低脂肪化の方法としては、遠心分離によってチーズミルクの段階で脂肪を除去する方法も検討されています。低脂肪チーズは現在のところ、標準的なチーズに比べて風味や物性の面ではまだ劣りますが、今後は大きく需要が伸びることが予想されます。

プロバイオティックチーズの登場

フィンランドの研究グループにより、新しい熟成型チーズが提案されています。これはスターターに乳酸菌とビフィズス菌などのプロバイオティクスの混合菌株を12菌株も用いて熟成させ、新たな生理活性をつくりだそうというものです。アシドフィルス菌やビフィズス菌を用いた場合では、製造後7ヵ月まで100万個／gの水準で菌が生きている、良好な風味のチーズができたことが報告されています。前述した血圧を下げる作用を示す降圧ペプチドも存在していました。今後は、さまざまな新しい保健効果が期待できるチーズとして本格的に開発されることになります。

また、完成したチーズにプロバイオティクス菌体を練りこむことで、機能性をもつプロバイオティックチーズをつくることも提案されています。前述した機能性ヨーグルトの「チーズ版」です。たとえば、チーズ組織中は嫌気的で、乳酸菌などの生菌が長く生存できるので、有用乳酸菌を腸管に生きたまま送り届ける「乳酸菌デリバリーシステム」も提案されています。

近未来のチーズの姿

すでに述べたように乳酸菌の大敵は、菌に感染してその菌を溶かしてしまうウイルス「ファージ」です。チーズづくりでもファージの感染をどう防ぐかが悩みの種なのですが、最近では、遺伝子工学によるファージ対策が提案されています。

乳酸菌にファージの耐性機構を導入することは、実験室レベルではすでに成功しています。また、逆にファージに感染した乳酸菌が、みずから死んでしまうという機構を導入することも可能になってきています。

さらに――人間は面白いことを考え出すものです。ファージに感染した乳酸菌の溶菌現象を、積極的に利用する方法も開発されました。時期を見計らって乳酸菌をあえてファージに感染させて、チーズの熟成期間を短縮しようというのです。乳酸菌の溶菌時期をファージによって自由自在にコントロールできるようになれば、溶菌後に優れたタンパク質分解酵素が放出される時期や量を制御することが可能となります。

これらの新しいスーパー乳酸菌を研究室で人為的につくり出すことは、もう夢の話ではありません。あとは実用化の段階を待つだけです。

こうした最新の遺伝子工学の一方では、チーズにはこういう方向の未来もあります。

現在の日本では、無殺菌乳を用いたチーズの生産は許可されていません。しかし、日本の乳質が高品質となったことから、「特別牛乳」の名称で無殺菌乳の販売が許可されているところもあります。将来的には、わが国でもイタリアやフランスのように、無殺菌乳を用いたチーズが一般的になるかもしれません。

春から夏に山で放牧された乳牛が、香りのよい花やハーブを食べて出した乳のフルーティーな芳香が移行した、そんなチーズが日本で食べられる日がくるかもしれないのです。

CHEESE COLUMN

チーズの旨みは胃でも味わっている

人間は昔から、グルタミン酸を多く含む昆布やトマトを食べていました。また、醤油や味噌や魚醤などの調味料も、微生物を使って発酵させてタンパク質を分解し、グルタミン酸を増やしてきました。そんな手間をかけてでも、おいしさを求めたわけです。しかし、グルタミン酸の旨みがなぜほかのアミノ酸と比べて、そこまで人間を惹きつけるのかは解明されていません。

しかし最近、非常に大きな発見がありました。アメリカで2000年に、旨みを感じる受容体が舌にあることがわかったのです。2007年には、この「旨み受容体」の候補遺伝子が、口の中の味蕾の細胞だけでなく、なんと消化管にも広く発現しているというものでした。さらに、ラットの胃の内臓感覚を脳に伝える神経は、ブドウ糖や食塩にはまったく応答しないのに、アミノ酸の中でもグルタミン酸には特異的に応答することもわかったのです。

ということは、旨みは口で感じたあと、胃でも感じていることになります。二度もおいしさを感じるという希有な機構が、グルタミン酸に限って働いているのです。

しかも、旨みの刺激によって消化液が分泌され、消化が促進されることもわかりました。つまりおいしいチーズを食べればさらに食欲が増し、消化も促進されるというわけです。将来的には、小腸や大腸などの腸管でも旨み受容体の発現が明らかになるかもしれません。その刺激によって腸の蠕動《ぜんどう》運動などが活発化していることも考えられ、そうなると旨みは消化吸収にまでも重要な役割をもっているということになるわけです。

おわりに

『チーズの科学』、いかがでしたか？　みなさんがこれまで「食べもの」として親しんでこられたチーズにも、「科学」という視点から見ると意外な面白さがたくさん詰まっていることにお気づきいただけたならうれしいです。

「食べもの」としてのチーズは、もともとはかなり特権的な、一部の恵まれた人たちにしか手の届かないものでした。哺乳動物が生みだす乳（ミルク）は、栄養成分に富むために微生物による汚染を受けやすく、長く保存することは無理だと考えられていました。しかし先人は、乳から「熟成型チーズ」をつくりだすことに成功し、まだ冷蔵庫がなかった時代に、乳を長期保存するという夢の技術を獲得したのでした。

この発明には、思わぬ大きな副産物がありました。乳という無味無臭の液体は、発酵と熟成によってまったく別次元の、すばらしい風味をもった食べものに生まれ変わったのです。

しかし、この発酵と熟成の恵みを享受できたのは、ごく限られた人たちでした。世界では、まだ多くの人が飢えていて、今日や明日の食事も確保できない貧しい状態にありました。1年も2年も時をかけて、チーズの熟成を待ちつづけるなどという営みは、とうてい不可能でした。すなわち、飢餓の恐怖を克服できた豊かな人間にしか、チーズづくりはできなかったのです。エジプトなどで天文学や数学が発達したのは、貴族たちが奴隷をつかうことによって日々の仕事から開放されたことも背景にあった、という話を思い出します。

チーズがある意味で「富の象徴」ともいえた名残はいまもあり、巨大なパルミジャーノ・レッジャーノの塊は、これを担保にして銀行からお金が借りられるほどの財産価値があります。

しかし、いまや製造技術と保存技術の進歩によって、チーズはどの家庭の食卓にものぼる、一般的な食べものとなりました。それとともに、発酵や熟成という神秘的な現象が、「科学」によって解明されるようになってきました。目に見えない小さな微生物の力を借りてつくられるチーズは、新しい生命現象を解析するのには最良のフィールドでもあったのです。

チーズの奥深さを象徴する話が、久保田敬子氏の著書『チーズのソムリエになる』に紹介されています。フランスの有名な白カビチーズであるカマンベール・ド・ノルマンディーとブリー・ド・モーは、ともに牛乳が原料で、つくり方もまったく同じであるにもかかわらず、できあがると、その味わいはまったく別のものになります。海沿いの土地で、潮風に当たった牧草を食べて育つノルマンド種の牛乳を使うカマンベールは濃厚な味わいになり、内陸の、潮風が当たらない牧草地で飼育された牛乳を使うブリーは、やさしい味になるというのです。なぜそのような違いが生まれるのかを科学的に解明することは相当に大変で、このことひとつをとってもチーズには未解明の研究課題が山ほどあることを痛感させられますが、それだけに研究者としてはやりがいのある分野だと思っています。いまやチーズは、すべての人に開かれた「科学」の研究対象ともなっているのです。

私はといえば、東北大学を卒業して乳業会社に就職したあと、チーズ製造現場で、アメリカ軍の横田基地向けのカッテージチーズやクリームチーズを製造する日々を送りました。大学院では博士論文で、凝乳酵素キモシンによって凝乳現象が起こる際のキータンパク質であるκ－カゼインの糖鎖構造の解明に専念しました。その後に勤務した私立大学でも、母校の東北大学に異動してからも、学生実習でゴーダチーズをつくり続け、もう30年となります。これだけつきあっても謎が尽きないチーズに少しでも迫る研究を今後も続けていきたいと考えています。

最後に、本書の刊行に当たり、企画・編集において多大なご理解とご協力を賜ったブルーバックスの山岸浩史氏に心より御礼を申し上げます。

読者のみなさんが昼は自分の好みのチーズを挟んだサンドイッチでランチを楽しみ、夜は相性のよいお酒（ワインだけではなく、ビールやウイスキー、日本酒でも！）とチーズで乾杯しながら、さらに健康的で楽しい人生を送っていただけたら著者として望外の喜びです。

2016年11月

齋藤忠夫

参考資料

『チーズ博士の本』仁木　達著　地球社（１９７４年）
『チーズの本』クリスチャン・ブリュム著　柴田書店（１９７９年）
『チーズの話』新沼杏二著　新潮社（１９８３年）
『新説チーズの科学』中澤勇二・細野明義編著（株）食品資材研究会（１９８９年）
『チーズ工房』クレインプロデュース編集　平凡社（１９９５年）
『チーズ』チーズ＆ワインアカデミー東京監修　西東社（１９９６年）
『チーズ』キャロル・ティムパーリー、セシリア・ノーマン著　ソニー・マガジンズ（１９９６年）
『チーズのある風景』和仁皓明著　出版文化社（１９９６年）
『牛乳乳製品』中澤勇二監修　江上栄子料理　宮城県歯科医師国民健康保険組合（１９９７年）
『チーズを楽しむ生活』本間るみ子著　河出書房新社（１９９８年）
『食品・調理・加工の組織学』田村咲江監修　学窓社（１９９９年）
『チーズで巡るイタリアの旅』本間るみ子著　駿台曜曜社（１９９９年）
『チーズ』中川定敏監修　新星出版社（２０００年）
『牛乳読本』土屋文安著　ＮＨＫ出版（２００１年）
『チーズ図鑑』文藝春秋編　文春新書（２００１年）
『発酵食品への招待』一島英治著　裳華房ポピュラーサイエンス（２００２年）
『おいしいチーズの事典』村山重信監修　成美堂出版（２００２年）
『チーズの選び方、楽しみ方』本間るみ子監修　主婦の友社（２００３年）

『発酵は力なり』小泉武夫著　NHKライブラリー（2004年）
『牛乳と健康』（社）全国牛乳普及協会　牛乳・乳製品健康づくり委員会（2004年）
『チーズ事典』村山重信監修　日本文芸社（2005年）
『アミノ酸の科学』櫻庭雅文著　講談社ブルーバックス（2006年）
『チーズのソムリエになる』久保田敬子著　柴田書店（2006年）
『ワインの科学』清水健一著　講談社ブルーバックス（2006年）
『タンパク質・アミノ酸の科学』岸恭一・西村俊英監修（社）日本必須アミノ酸協会編　工業調査会（2007年）
『まだある』（食品編その2）初見健一著　大空出版（2007年）
『エスクファイア日本版』21　116-147（2007年）
『C.P.A.チーズプロフェッシュナル教本2008』NPO法人チーズプロフェッショナル協会　飛鳥出版（2008年）
『現代チーズ学』齋藤忠夫・堂迫俊一・井越敬司共編（株）食品資材研究会（2008年）
『手つくりバター&チーズの本』フルタニマサエ　日東書院（2008年）
『食でつくる長寿力』家森幸男著　日本経済新聞出版社（2008年）
『北海道チーズ工房めぐり』吉川雅子著　北海道新聞社（2009年）
『C.P.A.チーズプロフェッシュナル教本2015』NPO法人チーズプロフェッショナル協会　飛鳥出版（2015年）

さくいん

N.D.C.648.18　222p　18cm

ブルーバックス　B-1993

チーズの科学《かがく》
ミルクの力、発酵・熟成の神秘

2016年11月15日　第1刷発行
2023年 6 月19日　第2刷発行

著者　齋藤忠夫《さいとうただお》
発行者　鈴木章一
発行所　株式会社講談社
〒112-8001　東京都文京区音羽2-12-21
電話　出版　03-5395-3524
販売　03-5395-4415
業務　03-5395-3615
印刷所　（本文印刷）株式会社新藤慶昌堂
（カバー表紙印刷）信毎書籍印刷株式会社
製本所　株式会社国宝社

定価はカバーに表示してあります。

ISBN978－4－06－257993－3

発刊のことば

科学をあなたのポケットに

二十世紀最大の特色は、それが科学時代であるということです。科学は日に日に進歩を続け、止まるところを知りません。ひと昔前の夢物語もどんどん現実化しており、今やわれわれの生活のすべてが、科学によってゆり動かされているといっても過言ではないでしょう。

そのような背景を考えれば、学者や学生はもちろん、産業人も、セールスマンも、ジャーナリストも、家庭の主婦も、みんなが科学を知らなければ、時代の流れに逆らうことになるでしょう。

ブルーバックス発刊の意義と必然性はそこにあります。このシリーズは、読む人に科学的に物を考える習慣と、科学的に物を見る目を養っていただくことを最大の目標にしています。そのためには、単に原理や法則の解説に終始するのではなくて、政治や経済など、社会科学や人文科学にも関連させて、広い視野から問題を追究していきます。科学はむずかしいという先入観を改める表現と構成、それも類書にないブルーバックスの特色であると信じます。

一九六三年九月　野間省一